Ann-Christine Bartelt

Wirtschaft – schnell erfasst

Gerald Schenk

Buchführung

Schnell erfasst

Zweite, überarbeitete
und aktualisierte Auflage

Springer

Reihenherausgeber
Dr. iur. Detlef Kröger
Prof. Dr. Peter Schuster

Autor
Prof. Dr. Gerald Schenk
Berufsakademie Heidenheim
– Staatliche Studienakademie –
Wilhelmstraße 10
89518 Heidenheim
schenk@ba-heidenheim.de

Redaktion
Claas Hanken

Graphiken
Dirk Hoffmann

ISSN 1861-7719

ISBN 978-3-540-73782-7 2. Auflage Springer Berlin Heidelberg New York
ISBN 978-3-540-23700-6 1. Auflage Springer Berlin Heidelberg New York

Bibliografische Information der Deutschen Nationalbibliothek
Die Deutsche Nationalbibliothek verzeichnet diese Publikation in der Deutschen Nationalbibliografie; detaillierte bibliografische Daten sind im Internet über http://dnb.d-nb.de abrufbar.

Springer ist ein Unternehmen von Springer Science+Business Media

springer.de

Herstellung: LE-TEX Jelonek, Schmidt & Vöckler GbR, Leipzig
Umschlaggestaltung: WMX Design GmbH, Heidelberg

SPIN 12096411 64/3180YL - 5 4 3 2 1 0 Gedruckt auf säurefreiem Papier

Vorwort

In die vorliegende Auflage wurden Änderungen, die sich für die Buchführung durch die Unternehmenssteuerreform 2008 ergeben, eingearbeitet. Außerdem wurden Beispiele und Aufgaben an die geänderten Mehrwertsteuersätze angepasst.

Ganz herzlich bedanken möchte ich mich bei meinen findigen Studierenden sowie weiteren aufmerksamen Lesern für ihre hilfreichen Hinweise.

Heidenheim, im Juni 2007 Gerald Schenk

Vorwort der ersten Auflage

Zielsetzung dieses Lehrbuches ist es, die Technik der doppelten Buchführung verständlich und übersichtlich darzustellen. Der Einstieg in die Buchführung soll dem Leser insbesondere durch die präzise Erklärung von Grundbegriffen, die Konzentration auf das Wesentliche und eine Vielzahl von Beispielen erleichtert werden.

Im ersten Kapitel des Buches werden die Grundlagen der Buchführung erörtert. Der Leser lernt in diesem Kapitel die Zwecke der Buchführung sowie die gesetzlichen Vorschriften zur Führung von Büchern kennen. Das zweite Kapitel dient der Erläuterung des Systems der doppelten Buchführung und der mit diesem System verbundenen Buchungstechniken. Inhalt des dritten Kapitels ist die buchungstechnische Behandlung von Warenein- und -verkäufen. Das vierte Kapitel setzt sich mit der Verbuchung des Lohn- und Gehaltsverkehrs auseinander. Im fünften Kapitel schließlich werden die vorbereitenden Abschlussbuchungen dargestellt.

Das vorliegende Lehrbuch ist aus meinen Vorlesungs- und Übungsveranstaltungen an der Universität Frankfurt und an der Hessischen Berufsakademie Frankfurt hervorgegangen. Es wendet sich an Studierende der Wirtschaftswissenschaften im Haupt- oder Nebenfach an Universitäten, Fachhochschulen und Berufsakademien, an Auszubildende in kaufmännischen Berufen, an Schüler von Wirtschaftsschulen sowie an Praktiker, die sich im Rahmen einer Fortbildung oder im Hinblick auf ihre berufliche Tätigkeit mit Buchführung beschäftigen wollen.

Besonders bedanken möchte ich mich bei Herrn Prof. Dr. Schuster für die unkomplizierte Zusammenarbeit.

Heidenheim, im Dezember 2004 — Gerald Schenk

Inhalt

Grundlagen

Lernziele dieses Kapitels

- Abgrenzung der Buchführung von den anderen Teilgebieten des betrieblichen Rechnungswesens.
- Verstehen der Zwecke, die die Buchführung im Rahmen des betrieblichen Rechnungswesens zu erfüllen hat.
- Kenntnis der handels- und steuerrechtlichen Vorschriften, auf deren Grundlage Kaufleute Bücher zu führen haben.
- Verstehen des Zweckes und des Inhaltes der Grundsätze ordnungsmäßiger Buchführung.

1. Die Buchführung als Teilgebiet des betrieblichen Rechnungswesens

Das betriebliche Rechnungswesen dient der systematischen Erfassung, Aufbereitung und Auswertung von zahlenmäßig darstellbaren Sachverhalten. Entsprechend der Ausrichtung auf unternehmensexterne bzw. -interne Benutzer lässt sich das betriebliche Rechnungswesen in externes Rechnungswesen (= Rechnungslegung) und internes Rechnungswesen unterteilen.

Externes Rechnungswesen

Dem externen Rechnungswesen kommt die Aufgabe zu, unternehmensexternen Adressaten entscheidungsnützliche Informationen über das Unternehmen zu liefern. Außerdem dient es als Anknüpfungspunkt für gesetzliche und vertragliche Verpflichtungen (z. B. Gewinnausschüttung, Besteuerung). Um für diese Zwecke eine Mindestqualität der Rechnungslegung sicherzustellen und missbräuchliche Gestaltungen zu verhindern, unterliegt das externe Rechnungswesen gesetzlichen Regelungen. Bestandteile des externen Rechnungswesens sind der Jahresabschluss und die Finanzbuchführung:

Jahresabschluss

- Der Jahresabschluss besteht aus der Bilanz und der Gewinn- und Verlustrechnung und ist zum Schluss eines Geschäftsjahres aufzustellen. Unter der Bilanz versteht der Gesetzgeber gemäß § 242 Abs. 1 HGB eine Gegenüberstellung von Vermögen und Schulden zu einem Stichtag. Die Gewinn- und Verlustrechnung ist gemäß § 242 Abs. 2 HGB eine Gegenüberstellung von Aufwendungen und Erträgen des Geschäftsjahres. Bei Kapitalgesellschaften muss der Jahresabschluss zusätzlich einen Anhang enthalten, in dem die Positionen der Bilanz und der Gewinn- und Verlustrechnung erläutert und ergänzt werden. Kapitalgesellschaften haben außerdem einen Lagebericht zu erstellen, welcher Informationen zur Lage des Unternehmens liefert.

Finanzbuchführung

- Die Aufgabe der Finanzbuchführung (im Folgenden einfach Buchführung oder Buchhaltung genannt) besteht darin, Geschäftsvorfälle zahlenmäßig zu erfassen und geordnet abzubilden. Unter Geschäftsvorfällen versteht man sowohl unternehmensexterne Vorgänge, die sich aus Geschäftsbeziehungen mit Kunden, Lieferanten, Kapitalgebern und sonstigen externen Dritten ergeben, als auch unternehmensinterne Vorgänge (z. B. in den Funktionsbereichen Produktion, Lagerhaltung und Verwaltung). Zu beachten ist, dass in der Buchführung nur solche Geschäftsvorfälle zu berücksichtigen sind, die zu einer Änderung der Höhe und/oder der Zusammensetzung des Vermögens und des Kapitals eines Unternehmens führen. Die Buchführung ist ein gesetzlich vorgeschriebenes laufendes Rechnungswesen während des Geschäftsjahres und ist damit die Voraussetzung für die Erstellung des Jahresabschlusses zum Geschäftsjahresende. Der Jahresabschluss stellt gewissermaßen das zahlenmäßig verdichtete Ergebnis der Buchführung dar.

Internes Rechnungswesen

Das interne Rechnungswesen umfasst alle Rechnungssysteme, die für im Unternehmen angesiedelte Benutzer konzipiert sind. Es unterliegt daher grundsätzlich keinen gesetzlichen Normen. Zum internen Rechnungswesen zählen die Kosten- und Leistungsrechnung sowie die Finanz- und Investitionsrechnungen.

Kosten- und Leistungsrechnung

- Die Kosten- und Leistungsrechnung hat Planungs-, Steuerungs-, und Kontrollaufgaben, vor allem im kurzfristigen Bereich, zu erfüllen. Sie dient der Entwicklung von Plandaten zur Entscheidungsvorbereitung und bildet die Grundlage für Wirtschaftlichkeitskontrollen und die Kalkulation von Produkten.

Investitionsrechnungen
Finanzrechnungen

- Investitionsrechnungen werden zur Beurteilung der Vorteilhaftigkeit von Investitionen eingesetzt. Finanzrechnungen dienen der Liquiditätsplanung und -steuerung.

Zwischen den oben dargestellten Rechnungssystemen gibt es eine Reihe von Berührungspunkten. Beispielsweise benötigt das externe Rechnungswesen für die Bewertung von fertigen und unfertigen Erzeugnissen in der Bilanz Daten aus der Kosten- und Leistungsrechnung. Umgekehrt werden häufig Rechengrößen der Kosten- und Leistungsrechnung aus den Daten des externen Rechnungswesens abgeleitet (z. B. zum Zwecke der Kalkulation), da diese aufgrund der gesetzlichen Verpflichtung zur Rechnungslegung ohnehin im Unternehmen vorhanden sind.

2. Die im betrieblichen Rechnungswesen verwendeten Rechengrößen

Die Teilgebiete des betrieblichen Rechnungswesens knüpfen an verschiedenen Rechengrößen an. Folgende Begriffspaare, die im täglichen Sprachgebrauch häufig nicht sauber getrennt werden, sind im betrieblichen Rechnungswesen zu unterscheiden:

- Auszahlungen – Einzahlungen
- Ausgaben – Einnahmen
- Aufwendungen – Erträge
- Kosten – Leistungen

Auszahlungen – Einzahlungen

Das Begriffspaar »Auszahlungen – Einzahlungen« bezeichnet den Abfluss oder Zufluss liquider Mittel (Bargeld und jederzeit verfügbare Bankguthaben = Zahlungsmittelbestand). Auf der Basis von Auszahlungen und Einzahlungen rechnet man in der Investitionsrechnung und in der Finanzrechnung.

Ausgaben – Einnahmen

Das Begriffspaar »Ausgaben – Einnahmen« umfasst neben dem Zahlungsverkehr auch Kreditvorgänge. Es kennzeichnet Veränderungen des so genannten Geldvermögens, welches sich als Summe aus dem Zahlungsmittelbestand und dem Bestand aller übrigen Forderungen abzüglich des Bestandes an Verbindlichkeiten ergibt. Daher gilt:

Ausgaben = Auszahlungen + Forderungsabgänge + Schuldenzugänge

Einnahmen = Einzahlungen + Forderungszugänge – Schuldenabgänge

Die Summe aus dem oben erläuterten Geldvermögen und dem Sachvermögen des Unternehmens wird Netto- oder Reinvermögen genannt. Ausgehend von dieser Definition liegt ein Aufwand dann vor, wenn ein

Geschäftsvorfall zu einer Verminderung des Nettovermögens führt. Von einem Ertrag spricht man, wenn sich durch einen Geschäftsvorfall das Nettovermögen erhöht. Das Begriffspaar »Aufwendungen – Erträge« bildet damit den Werteverzehr bzw. den Wertezugang eines Unternehmens ab. In diesem Sinne bezeichnet man als Aufwand den in Geldeinheiten bewerteten Werteverzehr einer Periode und als Ertrag den in Geldeinheiten bewerteten Wertezugang einer Periode. Aufwendungen und Erträge sind die im externen Rechnungswesen verwendeten Rechengrößen. Ihre Wertansätze ergeben sich aus den gesetzlichen Bestimmungen zur Buchführung und zum Jahresabschluss.

Aufwendungen – Erträge

Definitionen und Zusammenhänge der drei bisher erläuterten Begriffspaare des betrieblichen Rechnungswesens sollen noch einmal durch nachstehende Tabelle verdeutlicht werden:

Die im betrieblichen Rechnungswesen verwendeten Rechengrößen		
Rechengrößen		Bestandsrechnung
Positiv	Negativ	
Einzahlung	Auszahlung	Bargeld + jederzeit verfügbare Bankguthaben = Zahlungsmittelbestand
Einnahme	Ausgabe	Zahlungsmittelbestand + alle übrigen Forderungen - alle übrigen Verbindlichkeiten = Geldvermögen
Ertrag	Aufwand	Geldvermögen + Sachvermögen = Netto- oder Reinvermögen

Das Begriffspaar »Kosten – Leistungen« schließlich lässt sich aus dem Definitionsansatz für die Begriffe »Aufwand« und »Ertrag« herleiten. Danach sind Kosten derjenige in Geldeinheiten bewertete Wertever-

Kosten – Leistungen

zehr einer Periode, der bei der Erstellung der betriebstypischen Leistungen anfällt. Leistungen stellen diejenigen in Geldeinheiten bewerteten Wertezugänge einer Periode, die aus der eigentlichen, betriebstypischen Tätigkeit resultieren. Wie der Name bereits sagt, rechnet die Kosten- und Leistungsrechnung auf Basis von Kosten und Leistungen.

3. Zwecke der Buchführung

Durch die Buchführung werden Geschäftsvorfälle, die sich im Unternehmen ereignen, in chronologischer Reihenfolge, lückenlos und systematisch geordnet festgehalten. Diese laufende Dokumentation der Geschäftsvorfälle bildet die unabdingbare Grundlage für die gesetzlich geforderte Erstellung des Jahresabschlusses. Macht man sich diesen Zusammenhang bewusst, wird auch deutlich, dass die Zwecke der Buchführung nicht losgelöst von den grundsätzlichen Funktionen des Jahresabschlusses betrachtet werden können. Deshalb werden im Folgenden zunächst die Zwecke der Rechnungslegung in allgemeiner Form besprochen, bevor dann im erarbeiteten Zusammenhang auch auf die Buchführung eingegangen wird.

Laufende Dokumentation der Geschäftsvorfälle

Gesetzliche Vorschriften zur Rechnungslegung finden sich im Handelsrecht und im Steuerrecht. Ganz allgemein lässt sich sagen, dass die handelsrechtliche Rechnungslegung dem Schutz von Kapitalgebern dient, während die steuerrechtliche Rechnungslegung die Bemessungsgrundlage für die Besteuerung von Unternehmen liefert.

3.1 Kapitalgeberschutz als gesetzlicher Zweck

Unter Kapitalgebern versteht man alle Personen oder Institutionen, die einem Unternehmen Kapital zur Verfügung stellen.

Eigenkapitalgeber

Eigenkapitalgeber erwerben mit der Hingabe ihres Kapitals einen Beteiligungstitel und nehmen damit eine Eigentümer- bzw. Gesellschafterposition ein. Das wesentliche Merkmal dieser Position ist der Anspruch auf Beteiligung am Gewinn des Unternehmens.

Fremdkapitalgeber

Fremdkapitalgeber erwerben durch die Bereitstellung von Kapital einen Forderungstitel und nehmen damit gegenüber dem Unternehmen eine Gläubigerposition ein. Gläubiger haben nach Art, Höhe und Zeit vertraglich genau fixierte Ansprüche, die unabhängig vom Gewinn sind. Die Zahlungen an den Gläubiger erfolgen in Form von Zinsen und Tilgung.

Die Bereitstellung von Kapital an Unternehmen ist für die Kapitalgeber nicht risikolos. Eigen- als auch Fremdkapitalgeber unterliegen dem Risiko, dass die vereinbarte oder erwartete Gegenleistung des Unternehmens vollständig oder teilweise ausfällt. Betroffen sind Gesellschafter und Gläubiger dabei nicht nur von dem allgemeinen Unternehmensrisiko, wonach jede unternehmerische Tätigkeit mit Unsicherheit über die Zukunft behaftet ist und das selbst bei bestem Bemühen des Managements nicht auszuschalten ist, sondern zusätzlich auch von dem Risiko des Fehlverhaltens des Managements.

Allgemeines Unternehmensrisiko

Ein solches Fehlverhalten des Managements liegt aus Sicht der Kapitalgeber vor, wenn das Management – beabsichtigt oder unbeabsichtigt – Kapitalgeber schädigende Maßnahmen durchführt, wenn es also z. B.

Fehlverhalten des Managements

- die Kapitalgeber über die tatsächliche Lage des Unternehmens täuscht,
- Manipulationen bei der Gewinnermittlung vornimmt,
- Vermögensgegenstände beiseite schafft oder
- seine Arbeitskraft nicht voll für das Unternehmen einsetzt.

Die handelsrechtlichen Vorschriften zur Rechnungslegung sollen dazu beitragen, dass Gesellschafter und Gläubiger nicht durch ein derartiges Fehlverhalten des Managements geschädigt werden. Ausgehend von dieser Überlegung werden der handelsrechtlichen Rechnungslegung im Allgemeinen eine Informations- und eine Gewinnermittlungsfunktion zugerechnet. Im Rahmen der nachfolgenden Erörterung dieser beiden Funktionen sollte der Leser nicht außer Acht lassen, dass die Kapitalgeber natürlich um die oben dargestellten Risiken wissen und in gewissem Umfang auch die Möglichkeit besitzen, sich selbst zu schützen (z. B. durch Vereinbarung von Mitwirkungs- und Kontrollrechten oder Kreditsicherheiten).

Die Informationsfunktion der externen Rechnungslegung

Aufgrund der Informationsfunktion der Rechnungslegung sollen Kapitalgeber in die Lage versetzt werden, ihre Risikoposition adäquat einzuschätzen und darauf aufbauend die für sie richtigen Entscheidungen hinsichtlich der Kapitalbereitstellung zu treffen. Der gesetzlich vorgeschriebene Jahresabschluss soll über die Zusammensetzung des Vermögens und des Kapitals sowie über die Herkunft des Erfolgs informieren und ein den tatsächlichen Verhältnissen entsprechendes Bild von der Lage des Unternehmens vermitteln. Der Zweck der durch die Rechnungslegung übermittelten Informationen besteht also insbesondere darin, für die Gesellschafter und Gläubiger die Gefahr der Täuschung durch das Management zu reduzieren.

Kapitalgeber sollen ihre Risikoposition adäquat einschätzen können.

Die Gewinnermittlungsfunktion der externen Rechnungslegung

Willkürfreie Ermittlung des Gewinns

Die Gewinnermittlungsfunktion der Rechnungslegung dient dem Schutz der Kapitalgeber vor der Willkür des Managements bei der Gewinnermittlung. Die durch Gesetz vorgegebenen Gewinnermittlungsregelungen im Rahmen der Rechnungslegung sollen verhindern, dass das Management die Höhe des Gewinns nach eigenem Gutdünken festlegen kann. Da die Gesellschafter am Gewinn eines Unternehmens beteiligt sind, ist aus ihrer Sicht offensichtlich, dass sie an einer willkürfreien Ermittlung des Gewinns interessiert sind. Doch auch für Gläubiger stellen Gewinnermittlungsregelungen einen Schutz dar, weil sie verhindern, dass Ansprüche von Gläubigern aufgrund einer beliebig hohen Gewinnausschüttung an die Gesellschafter gefährdet werden.

Schutzwirkung der Buchführung

Auch eine ordnungsgemäß gestaltete Buchführung leistet einen Beitrag zum Schutz der Kapitalgeber. Da in der Buchführung alle Geschäftsvorfälle lückenlos und systematisch erfasst werden müssen, wird sowohl die Informations- als auch die Gewinnermittlungsfunktion des externen Rechnungswesens gestärkt. Das Management eines Unternehmens muss damit rechnen, dass aufgrund der laufenden Aufzeichnung der Geschäftsvorfälle Kapitalgeber schädigende Maßnahmen leichter aufgedeckt werden können. Die Buchführung erschwert damit insbesondere bewusste Falschdarstellungen des Managements im Jahresabschluss zum Zwecke der Verschleierung einer schlechten wirtschaftlichen Lage des Unternehmens und zum Zwecke der Manipulation des Gewinnausweises.

Buchführung erschwert Falschdarstellungen des Managements im Jahresabschluss.

Beweissicherungsfunktion

Die Buchführung hat darüber hinaus eine Beweissicherungsfunktion: Unterlagen der Buchführung können bei Rechtsstreitigkeiten als Beweismittel herangezogen werden und begründen bei feststehender ordnungsmäßiger Handhabung vor Gericht auch erhebliches Vertrauen. Da Gesellschafter und Gläubiger in der Regel darauf vertrauen können, dass sich Nachweisprobleme durch die Buchführung leichter lösen lassen, dient die Buchführung auch unter diesem Aspekt dem Kapitalgeberschutz.

Selbstinformationsfunktion der Buchführung

Schließlich wird noch von der Selbstinformationsfunktion der Buchführung gesprochen. Damit soll zum Ausdruck gebracht werden, dass sich das Management jederzeit selbst mit Hilfe der Buchführung ein Bild über den aktuellen Vermögens- und Schuldenstand sowie die Zahlungsfähigkeit des Unternehmens machen kann (z. B. durch die Erstellung von Zwischenabschlüssen). Weisen die Daten der Buchführung auf eine Verschlechterung der wirtschaftlichen Lage hin, hat das Management unter Umständen noch die Möglichkeit, Anpassungsmaßnahmen vorzunehmen und das Konkursrisiko des Unternehmens zu verringern. Damit trägt die Selbstinformationsfunktion der Buchführung letztendlich ebenfalls zum Schutz der Gesellschafter und Gläubiger bei.

3.2 Schaffung von Besteuerungsgrundlagen

Gewinn dient als Bemessungsgrundlage für die Besteuerung.

Der nach steuerrechtlichen Vorschriften ermittelte Gewinn eines Unternehmens dient den Finanzbehörden als Bemessungsgrundlage für die Besteuerung (Steuerbemessungsfunktion der externen Rechnungslegung). Eine wesentliche Bedeutung bei der Ermittlung der Steuerhöhe hat der Grundsatz der Steuergerechtigkeit, wonach gleiche steuerliche Leistungsfähigkeit unterschiedslos zu besteuern ist und eine höhere steuerliche Leistungsfähigkeit stärker zu besteuern ist als eine niedrige. Als Kriterium der Leistungsfähigkeit von Steuerpflichtigen wird dabei im Allgemeinen das Einkommen angesehen, zu dessen Bestandteilen auch der Gewinn eines Unternehmens zählt.

Da davon auszugehen ist, dass Steuerpflichtige nur ungern Steuern zahlen, hat der Gesetzgeber Regeln vorgegeben, nach denen die Bemessungsgrundlage »Gewinn« zu bestimmen ist. Durch die steuerrechtlichen Vorschriften zur Gewinnermittlung will der Staat verhindern, dass Steuerpflichtige die Bemessungsgrundlage für die Einkommen-, die Körperschaft- und die Gewerbesteuer nach eigenem Belieben kürzen und sich damit einer Besteuerung entsprechend ihrer eigentlichen Leistungsfähigkeit entziehen können. Durch die gesetzliche Vorgabe einheitlicher Gewinnermittlungsregeln will der Staat nicht nur sich selbst als Empfänger der Steuern schützen, sondern auch die Steuerpflichtigen vor einer Ungleichbehandlung durch den Staat.

Buchführung ist an der Schaffung von Besteuerungsgrundlagen beteiligt.

Der der Besteuerung eines Unternehmens zugrunde liegende Gewinn wird im Rahmen der Jahresabschlusserstellung ermittelt. Da der Jahresabschluss wiederum aus den Daten der Buchführung abgeleitet wird, ist damit auch die Buchführung an der Schaffung von Besteuerungsgrundlagen beteiligt.

Aufgrund der Tatsache, dass in der Buchführung alle Geschäftsvorfälle laufend aufgezeichnet werden müssen, wird die Manipulation des Gewinnausweises durch den Steuerpflichtigen erschwert. Zu berücksichtigen ist in diesem Zusammenhang insbesondere, dass der Finanzverwaltung das Recht zusteht, anhand der Buchführungsunterlagen zu prüfen (z. B. im Rahmen einer Betriebsprüfung), ob die gesetzlich vorgegebenen Gewinnermittlungsregeln eingehalten und somit wirklich die gesetzlich geschuldeten Steuern entrichtet wurden.

4. Gesetzliche Grundlagen der Buchführung

4.1 Die Buchführungspflicht nach Handelsrecht

Das Handelsgesetzbuch (HGB) ist das Gesetzbuch für Kaufleute.

§ 238 Abs. 1 HGB

Gemäß § 238 Abs. 1 S. 1 HGB ist jeder Kaufmann verpflichtet, »Bücher zu führen und in diesen seine Handelsgeschäfte und die Lage seines Vermögens nach den Grundsätzen ordnungsgemäßer Buchführung ersichtlich zu machen«.

Kaufmannsbegriff

»Kaufmann« ist der zentrale Begriff des Handelsrechtes, da anhand dieses Begriffes entschieden wird, ob die Vorschriften des Handelsgesetzbuches (und damit auch die Regelungen zur Buchführung) Anwendung finden oder nicht. Im Folgenden werden die verschiedenen Ausprägungen des handelsrechtlichen Kaufmannsbegriffes vorgestellt und die damit zusammenhängenden Auswirkungen auf die Buchführungspflicht angegeben.

Istkaufmann gemäß § 1 HGB

In § 1 Abs. 1 HGB wird der Kaufmannsbegriff wie folgt definiert:

§ 1 Abs. 1 HGB

»Kaufmann im Sinne dieses Gesetzbuchs ist, wer ein Handelsgewerbe betreibt.«

Was wiederum unter dem Begriff des Handelsgewerbes zu verstehen ist, wird im § 1 Abs. 2 HGB festgelegt:

§ 1 Abs. 2 HGB

»Handelsgewerbe ist jeder Gewerbebetrieb, es sei denn, daß das Unternehmen nach Art und Umfang einen in kaufmännischer Weise eingerichteten Geschäftsbetrieb nicht erfordert.«

Liegen die genannten Voraussetzungen des § 1 Abs. 2 HGB vor, ist man Kaufmann kraft Gesetzes. Daher wird der Kaufmann nach § 1 HGB auch Istkaufmann genannt.

§ 1 Abs. 2 HGB bestimmt, dass jedes Gewerbe zugleich ein Handelsgewerbe ist. Der Begriff des Handelsgewerbes umfasst daher nicht nur den Warenhandel, sondern auch das Dienstleistungs- und Handwerksgewerbe. Eine Definition des Begriffes »Gewerbe« ist im HGB nicht zu finden.

Nach geltender Rechtsprechung versteht man jedoch unter Gewerbe eine

- selbständige,
- planmäßig ausgeübte und auf Dauer ausgerichtete wirtschaftliche Tätigkeit auf dem Markt,
- die nach außen erkennbar
- und die keine freiberufliche Tätigkeit ist.

Da der Istkaufmann Kaufmann kraft Gesetzes ist, trifft ihn die Buchführungspflicht mit Aufnahme der gewerblichen Tätigkeit.

Kannkaufmann gemäß § 2 HGB

Kleingewerbetreibende

Aufgrund des zweiten Halbsatzes des § 1 Abs. 2 HGB sind Kleingewerbetreibende vom Begriff des Handelsgewerbes und somit auch vom Begriff des Istkaufmanns ausgenommen. Ein Kleingewerbetreibender liegt vor, wenn »das Unternehmen nach Art und Umfang einen in kaufmännischer Weise eingerichteten Geschäftsbetrieb nicht erfordert«. Mögliche Kriterien zur Beurteilung der Frage, wann ein Unternehmen nach Art und Umfang einen in kaufmännischer Weise eingerichteten Geschäftsbetrieb erfordert oder nicht, sind beispielsweise:

- Anzahl der Geschäftsverbindungen,
- Betriebsvermögen,
- Umsatz,
- Anzahl der Mitarbeiter.

Eintragung ins Handelsregister

Kleingewerbetreibende sind nach § 1 Abs. 2 HGB somit keine Kaufleute kraft Gesetzes. Ein Kleingewerbetreibender kann sich jedoch, falls er es wünscht, ins Handelsregister eintragen lassen. Das Handelsregister wird von einem Amtsgericht (Registergericht) geführt und ist ein öffentliches Verzeichnis, das über die wichtigsten Rechtsverhältnisse der Kaufleute im Zuständigkeitsbereich des jeweiligen Registergerichts Auskunft gibt. Mit der Eintragung ins Handelsregister wird die Stellung des Kleingewerbetreibenden als Kaufmann begründet. Man spricht daher vom Kannkaufmann oder vom Kaufmann kraft Eintragung. Die diesbezügliche Vorschrift findet sich im § 2 HGB:

§ 2 HGB

»Ein gewerbliches Unternehmen, dessen Gewerbebetrieb nicht schon nach § 1 Abs. 2 HGB Handelsgewerbe ist, gilt als Handelsgewerbe im Sinne dieses Gesetzbuchs, wenn die Firma des Unternehmens in das Handelsregister eingetragen ist. Der Unternehmer ist berechtigt, aber nicht verpflichtet, die Eintragung nach den für die Eintragung kaufmännischer Firmen geltenden Vorschriften herbeizuführen.«

Nach der Eintragung ins Handelsregister gilt der Kleingewerbetreibende als Kaufmann und unterliegt für die Dauer seiner Eintragung uneingeschränkt den für den Kaufmann geltenden Regelungen im HGB. Somit trifft ihn nach der Eintragung ins Handelsregister auch die Buchführungspflicht. Die Entscheidung für die Kaufmannseigenschaft kann durch die Löschung im Handelsregister jederzeit rückgängig gemacht werden.

Kannkaufmann gemäß § 3 HGB

Betriebe der Land- und Forstwirtschaft

Ausgenommen vom Anwendungsbereich des Kaufmannsbegriffs im § 1 Abs. 1 HGB sind gemäß § 3 Abs. 1 HGB die Betriebe der Land- und Forstwirtschaft. Allerdings kann sich gemäß § 3 Abs. 2 HGB ein land- und forstwirtschaftliches Unternehmen ins Handelsregister eintragen lassen, wenn das Unternehmen einen in kaufmännischer Weise eingerichteten Geschäftsbetrieb erfordert. Es erlangt auf diese Weise die Kaufmannseigenschaft (= Kaufmann kraft Eintragung). Mit der Eintragung ins Handelsregister beginnt die Buchführungspflicht. Im Gegensatz zum Kannkaufmann gemäß § 2 HGB hat der Kannkaufmann gemäß § 3 HGB mit der einmal erfolgten Eintragung ins Handelsregister das Wahlrecht verbraucht. Eine Löschung der Eintragung ist dann nur noch nach den allgemeinen Vorschriften möglich, welche für die Löschung kaufmännischer Firmen gelten.

Formkaufmann gemäß § 6 HGB

Handelsgesellschaften

Handelsgesellschaften sind Kaufleute kraft Gesetzes aufgrund der Rechtsform. Deshalb spricht das Gesetz auch von Formkaufleuten. Zu den Formkaufleuten zählen die GmbH, die AG, die KGaA und die Genossenschaft sowie unter bestimmten Umständen die OHG und die KG. Die OHG und die KG gehören zu den Formkaufleuten als ein gemeinsamer Zusammenschluss von Personen, sofern sie gemeinschaftlich ein Handelsgewerbe betreiben. Soweit dieses Handelsgewerbe jedoch keinen nach Art und Umfang in kaufmännischer Weise eingerichteten Geschäftsbetrieb erfordert, ist die Personengesellschaft nur Kaufmann, wenn ihre Firma im Handelsregister eingetragen ist. Formkaufleute sind stets buchführungspflichtig.

Fiktivkaufmann § 5 HGB

Wer durch die Eintragung in das Handelsregister den Rechtsschein erweckt, er sei Kaufmann (Fiktivkaufmann), der muss sich auch als solcher behandeln lassen, selbst wenn die Eintragung zu unrecht erfolgt ist. § 5 HGB bringt das wie folgt zum Ausdruck:

§ 5 HGB

»Ist eine Firma im Handelsregister eingetragen, so kann gegenüber demjenigen, welcher sich auf die Eintragung beruft, nicht geltend gemacht werden, dass das unter der Firma betriebene Gewerbe kein Handelsgewerbe sei.«

Ob damit der Fiktivkaufmann auch der Buchführungspflicht unterliegt, ist jedoch in der Literatur umstritten.

Die wesentlichen Charakteristika der verschiedenen Arten des Kaufmanns nach dem HGB und die daraus zu ziehenden Schlussfolgerungen hinsichtlich der Buchführungspflicht sind in folgender Tabelle zusammengefasst:

Arten des Kaufmanns nach HGB				
Istkaufmann	**Kannkaufmann**		**Formkaufmann**	**Fiktivkaufmann**
§ 1	**§ 2**	**§ 3**	**§ 6**	**§ 5**
Voraussetzung: Vorliegen eines Handelsgewerbes	Unternehmen erfordert nach Art und Umfang keinen in kaufmännischer Weise eingerichteten Geschäftsbetrieb	Betriebe der Land- und Forstwirtschaft sind niemals Istkaufleute	Handelsgesellschaften: GmbH, AG, KGaA, Genossenschaften, teilweise OHG und KG	Unternehmen, dessen Firma ins Handelsregister eingetragen ist, gilt als Kaufmann im Sinne des HGB, auch wenn Eintragung zu Unrecht erfolgt ist
Kaufmann kraft Gesetzes	Kaufmann kraft Eintragung, d.h. Begründung der Kaufmannseigenschaft durch die Eintragung in das Handelsregister	Berechtigung aber keine Verpflichtung zur Eintragung ins Handelsregister (= Kaufmann kraft Eintragung)	Kaufleute kraft Gesetzes	Wer vorgibt, Kaufmann zu sein, muss sich auch als solcher behandeln lassen
Buchführungspflicht beginnt mit Aufnahme der gewerblichen Tätigkeit.	Buchführungspflicht beginnt mit der Eintragung in das Handelsregister.	Buchführungspflicht beginnt mit der Eintragung in das Handelsregister.	Formkaufleute sind stets buchführungspflichtig.	Strittig, ob Fiktivkaufleute buchführungspflichtig sind.

4.2 Die Buchführungspflicht nach Steuerrecht

Die Buchführung trägt dazu bei, den als Bemessungsgrundlage für die Besteuerung dienenden Gewinn eines Unternehmens zu ermitteln. Steuerrechtliche Buchführungspflichten ergeben sich aus der Abgabenordnung (AO). Während der § 140 AO die so genannte derivative (= abgeleitete) Buchführungspflicht regelt, findet sich in § 141 AO die so genannte originäre (= eigenständige) steuerrechtliche Buchführungspflicht.

Derivative Buchführungspflicht

Der § 140 AO legt fest:

§ 140 AO

»Wer nach anderen Gesetzen als den Steuergesetzen Bücher und Aufzeichnungen zu führen hat, die für die Besteuerung von Bedeutung sind, hat die Verpflichtungen, die ihn nach den anderen Gesetzen obliegen, auch für die Besteuerung zur erfüllen.«

Da zu diesen »anderen Gesetzen« auch das HGB gehört, wird gemäß § 140 AO aus der handelsrechtlichen Buchführungspflicht zugleich eine steuerrechtliche Buchführungspflicht.

Originäre Buchführungspflicht

Weil die Besteuerung zutreffend und gerecht erfolgen soll, sind im Steuerrecht neben der aus dem HGB abgeleiteten Buchführungspflicht auch eigenständige Anforderungen formuliert. Gemäß § 141 Abs. 1 AO sind Gewerbetreibende sowie Land- und Forstwirte auch dann buchführungspflichtig, wenn eine der folgenden Wertgrenzen überschritten ist:

Umsätze im Kalenderjahr	500.000,– €
Selbstbewirtschaftete land- und forstwirtschaftliche Flächen mit einem Wirtschaftswert	25.000,– €
Gewinn aus Gewerbebetrieb im Wirtschaftsjahr	30.000,– €
Gewinn aus Land- und Forstwirtschaft im Kalenderjahr	30.000,– €

Von der originären steuerrechtlichen Buchführungspflicht werden auch Personenkreise erfasst, die von der Regelung des § 140 AO nicht betroffen sind. So ist es z. B. möglich, dass Kleingewerbetreibende, die nicht ins Handelsregister eingetragen sind und damit nicht den §§ 238 ff. HGB unterliegen, nach den steuerrechtlichen Vorschriften des § 141 AO buchführungspflichtig werden.

4.3 Die Grundsätze ordnungsmäßiger Buchführung (GoB)

Definition der GoB

Grundsätze ordnungsmäßiger Buchführung sind anerkannte Regeln, die angeben, wie Bücher zu führen sind und wie die Erstellung des Inventars und des Jahresabschlusses zu erfolgen hat. Sie legen Mindestanforderungen an die Form und den Inhalt der zu führenden Bücher fest und sollen dazu beitragen, dass sinnvoll Rechnung gelegt wird.

In den gesetzlichen Vorschriften zur Rechnungslegung wird häufig auf die Beachtung der Grundsätze ordnungsmäßiger Buchführung hingewiesen. So hat nach § 238 Abs. 1 HGB jeder Kaufmann in den Büchern seine Handelsgeschäfte und die Lage seines Vermögens nach den »Grundsätzen ordnungsmäßiger Buchführung« ersichtlich zu machen. § 243 Abs. 1 HGB verlangt, dass der Jahresabschluss nach den »Grundsätzen ordnungsmäßiger Buchführung« aufzustellen ist. Auch für die steuerliche Gewinnermittlung ist gemäß § 5 Abs. 1 EStG (Einkommensteuergesetz) das Betriebsvermögen anzusetzen, das nach den handelsrechtlichen Grundsätzen ordnungsmäßiger Buchführung auszuweisen ist.

Unter die Grundsätze ordnungsmäßiger Buchführung fallen sowohl gesetzlich kodifizierte Ordnungsmäßigkeitsgrundsätze als auch solche, die nicht explizit im Gesetz erwähnt werden. Dass der Gesetzgeber nicht alle Fragen im Gesetz detailliert regelt, hat im Wesentlichen zwei Gründe: Zum einen soll das Gesetz nicht durch Details überladen werden. Zum anderen unterbleibt eine vollständige gesetzliche Kodifizierung der Grundsätze auch deshalb, weil verhindert werden soll, dass die Regeln der Buchführung zu starr und zu unbeweglich werden und die Entwicklung neuer Buchführungsmethoden hemmen.

Grundsätze ordnungsmäßiger Buchführung, für die keine expliziten gesetzlichen Regelungen bestehen, können grundsätzlich nach der induktiven und nach der deduktiven Methode ermittelt werden:

Induktive Methode

- Die induktive Methode leitet die Grundsätze ordnungsmäßiger Buchführung aus den Gepflogenheiten ordentlicher und ehrenwerter Kaufleuten ab.

Deduktive Methode

- Nach der deduktiven Methode werden die Grundsätze ordnungsmäßiger Buchführung ausschließlich aus den vom Gesetzgeber mit der Buchführung, dem Inventar und dem Jahresabschluss verfolgten Zwecken abgeleitet.

Die umfassende Diskussion über die Frage, welcher Methode bei der Ermittlung der Grundsätze ordnungsmäßiger Buchführung der Vorzug zu geben ist, scheint der Vergangenheit anzugehören. Nach heute herrschender Meinung sind die Grundsätze ordnungsmäßiger Buchführung durch Deduktion zu gewinnen.

Formelle und materielle Grundsätze

Die Grundsätze ordnungsmäßiger Buchführung lassen sich in formelle und materielle Grundsätze unterteilen. Während formelle Grundsätze Mindestanforderungen an die äußere Form und Systematik der Rechnungslegung festlegen, betreffen die materiellen Grundsätze den Inhalt der Rechnungslegung.

Der Begriff der Grundsätze ordnungsmäßiger Buchführung wird grundsätzlich weit gefasst. Die Grundsätze ordnungsmäßiger Buchführung im weiteren Sinne (GoB i. w. S.) lassen sich untergliedern in

- die Grundsätze ordnungsmäßiger Buchführung im engeren Sinne (Grundsätze, die den Inhalt und die Form der laufenden Buchführung zum Gegenstand haben, GoB i. e. S.),
- die Grundsätze ordnungsmäßiger Inventur und
- die Grundsätze ordnungsmäßiger Bilanzierung (Grundsätze, die im Zusammenhang mit der Jahresabschlusserstellung stehen).

Da sich dieses Lehrbuch mit der laufenden Buchführung befasst, werden im Folgenden die Grundsätze ordnungsmäßiger Buchführung im engeren Sinne ausführlich erläutert. Darüber hinaus werden auch die Grundsätze ordnungsmäßiger Bilanzierung kurz vorgestellt, da sie speziell im Rahmen der vorbereitenden Abschlussbuchungen und grundsätzlich für das Verständnis der deutschen Rechnungslegung von Bedeutung sind.

Grundsätze ordnungsmäßiger Buchführung im engeren Sinne

Im Rahmen der Grundsätze ordnungsmäßiger Buchführung im engeren Sinne lässt sich eine Unterteilung in Elementargrundsätze und abgeleitete Grundsätze gemäß nachstehender Tabelle vornehmen.

Grundsätze ordnungsmäßiger Buchführung im engeren Sinne	
Elementargrundsätze	**Abgeleitete Grundsätze**
• Vollständigkeit	• Belegbarkeit
• Richtigkeit und Willkürfreiheit	• Zeitgerechtigkeit
• Klarheit und Übersichtlichkeit	• Verständliche Aufzeichnung
• Nachprüfbarkeit	• Sicherung gegen nachträgliche Änderung
	• Sicherung der Ordnungsmäßigkeit durch ein internes Kontrollsystem
	• geordnete und fristgerechte Aufbewahrung

Zunächst sollen die elementaren Grundsätze ordnungsmäßiger Buchführung im engeren Sinne beschrieben werden:

Grundsatz der Vollständigkeit

Nach dem Grundsatz der Vollständigkeit sind alle buchungspflichtigen Geschäftsvorfälle in der Buchführung lückenlos und uneingeschränkt zu erfassen. Darüber hinaus fordert dieser Grundsatz, dass jeder einzelne Geschäftsvorfall vollständig beschrieben wird, d. h. mit Datum, Belegnummer, Buchungstext und Buchungssatz.

Grundsatz der Richtigkeit

Der Grundsatz der Richtigkeit soll sicherstellen, dass die buchungspflichtigen Geschäftsvorfälle in der Buchführung sowohl in materieller als auch in formeller Hinsicht richtig erfasst werden. Materielle Richtigkeit liegt vor, wenn die Geschäftsvorfälle ihrem tatsächlichen Inhalt entsprechend mit korrekten Beträgen auf den für sie vorgesehenen Konten verbucht werden. Formelle Richtigkeit verlangt, dass die Formvorschriften der Buchführung beachtet werden (z. B. dass Ursprungsgeschäft, Belege und Buchungen übereinstimmen müssen). Der Grundsatz der Willkürfreiheit findet Anwendung, wenn Schätzwerte in die Buchführung eingehen. Gemäß diesem Grundsatz hat der Kaufmann notwendig werdende Schätzungen bei Geschäftsvorfällen willkürfrei und realitätsadäquat vorzunehmen.

Grundsatz der Klarheit und Übersichtlichkeit

Nach dem Grundsatz der Klarheit und Übersichtlichkeit müssen die Eintragungen in die Bücher klar und übersichtlich nach einem genau festgelegten und nachprüfbaren System vorgenommen werden. Eine klar und übersichtlich gestaltete Buchführung zeichnet sich insbesondere aus durch

- einen systematisch und ausreichend tief gegliederten Kontenplan,
- eine eindeutige Zuordnung der Belege und Aufzeichnungen zu den Buchungen,
- lesbare Belege und Aufzeichnungen,
- unmissverständliche Bezeichnungen der Geschäftsvorfälle und
- unsaldierte Ausweise.

Grundsatz der Nachprüfbarkeit

Gemäß dem Grundsatz der Nachprüfbarkeit muss die Buchführung so beschaffen sein, dass sie einem sachverständigen Dritten (z. B. Buchprüfer, Steuerberater, Wirtschaftsprüfer) innerhalb angemessener Zeit einen Überblick über die Geschäftsvorfälle und über die Lage des Unternehmens vermitteln kann. Die Geschäftsvorfälle müssen sich in ihrer Entstehung und Abwicklung verfolgen lassen. Es ist offensichtlich, dass der so beschriebene Grundsatz der Nachprüfbarkeit insbesondere mit dem Grundsatz der Klarheit und Übersichtlichkeit in engem Zusammenhang steht.

Aus diesen vier Elementargrundsätzen lassen sich weitere (im Inhalt konkretere) Einzelgrundsätze ableiten.

Grundsatz der Belegbarkeit (Belegprinzip)

Der Grundsatz der Belegbarkeit (Belegprinzip) fordert, dass einerseits keine Buchung ohne Beleg durchgeführt wird, andererseits zu jedem Beleg eine entsprechende Buchung existiert. Belege sind die wesentliche Voraussetzung für die Nachprüfbarkeit der Buchführung, da sich nur mit ihrer Hilfe die Geschäftsvorfälle in ihrer Entstehung und Abwicklung verfolgen lassen. Zu den Buchungsbelegen zählen neben den Unterlagen, die sich aus unternehmensexternen Geschäftsvorfällen mit Lieferanten, Kunden, Banken usw. ergeben (z. B. Rechnungen, Lieferscheine, Quittungen, Kontoauszüge), auch intern im Unternehmen erstellte Aufzeichnungen (z. B. Akkordzettel, Materialentnahmescheine, Inventurunterlagen). Um die Vorteile der EDV nutzen zu können, müssen die Belege nicht zwangsläufig in konventioneller Papierform vorliegen. Es reicht aus, wenn die Belege über die EDV jederzeit optisch lesbar gemacht werden können.

Grundsatz der Zeitgerechtigkeit

Der Grundsatz der Zeitgerechtigkeit verlangt, dass eine zeitnahe Verbuchung der Geschäftsvorfälle erfolgt. Zeitnah bedeutet in diesem Zusammenhang, dass Geschäftsvorfälle nach Möglichkeit im Anschluss an das aktuelle Geschehen zu verbuchen sind. Um den wirtschaftlichen Einsatz der EDV bei der Buchführung nicht zu gefährden, gestattet die Finanzverwaltung in bestimmten Fällen auch eine periodenweise Erfassung von Geschäftsvorfällen. So wird die Verbuchung von Kreditgeschäften bis zum Ablauf des Folgemonats noch als zeitnah anerkannt, sofern durch organisatorische Maßnahmen sichergestellt ist, dass Buchführungsunterlagen bis zu ihrer buchmäßigen Erfassung nicht verloren gehen. Für Kasseneinnahmen und -ausgaben wird allerdings die tägliche Aufzeichnung ausdrücklich gefordert.

Grundsatz der verständlichen Aufzeichnung

Nach dem Grundsatz der verständlichen Aufzeichnung hat sich der Kaufmann bei der Führung der Handelsbücher und bei den sonst erforderlichen Aufzeichnungen einer lebenden Sprache zu bedienen. Ein deutschsprachiger Kaufmann hat seine Bücher grundsätzlich in deutscher Sprache zu führen. Ausländer, die im Inland einen Betrieb haben, dürfen ihre Muttersprache verwenden. Der Grundsatz der verständlichen Aufzeichnung fordert außerdem, dass Abkürzungen, Ziffern und Buchstaben oder Symbole nur dann verwendet werden dürfen, wenn deren Bedeutung eindeutig festliegt.

Grundsatz der Sicherung gegen nachträgliche Änderungen

Der Grundsatz der Sicherung gegen nachträgliche Änderungen verlangt, dass Buchungen oder Aufzeichnungen nicht in einer Weise verändert werden dürfen, dass ihr ursprünglicher Inhalt nicht mehr erkennbar ist. Somit ist jegliches Unkenntlichmachen einer Buchung oder Aufzeichnung (Durchstreichungen, Radieren, Überkleben) verboten. Eine fehlerhafte Buchung darf nur durch eine so genannte Stornierung (= eine entgegen gesetzte Buchung über den gleichen Betrag) korrigiert werden. Bei EDV-Buchführungssystemen müssen Sicherungen und Sperren verhindern, dass einmal eingegebene Daten unbemerkt verändert werden können.

Grundsatz der Sicherung der Ordnungsmäßigkeit durch ein internes Kontrollsystem

Der Grundsatz der Sicherung der Ordnungsmäßigkeit durch ein internes Kontrollsystem soll gewährleisten, dass die Buchführung tatsächlich den gesetzlichen Anforderungen entspricht. Durch ein internes Kontrollsystem sollen Fehler bei der Erfassung und Verbuchung der Geschäftsvorfälle sowie Unredlichkeiten verhindert werden. Ein internes Kontrollsystem umfasst neben technischen Kontrollmaßnahmen (z. B. vorgedruckte Formulare, Plausibilitätsprüfungen im Rahmen der EDV-Buchführung) auch organisatorische Maßnahmen (z. B. die Zuweisung von klar abgegrenzten Verantwortungsbereichen für Mitarbeiter) und angemessene Kontrollen von Vorgesetzten.

Grundsatz der geordneten und fristgerechten Aufbewahrung

Der Grundsatz der geordneten und fristgerechten Aufbewahrung ist sowohl im Handels- als auch im Steuerrecht explizit kodifiziert. Gemäß § 257 Abs. 1 HGB bzw. § 147 Abs. 1 AO ist der Kaufmann verpflichtet, die folgenden Unterlagen geordnet aufzubewahren:

(1) Handelsbücher, Inventare, Eröffnungsbilanzen, Jahresabschlüsse, Lageberichte, Konzernabschlüsse, Konzernlageberichte sowie die zu ihrem Verständnis erforderlichen Arbeitsanweisungen und sonstigen Organisationsunterlagen (hierzu gehören auch EDV-Programme und Systemdokumentationen),

(2) die empfangenen Handelsbriefe,

(3) Wiedergaben der abgesandten Handelsbriefe,

(4) Belege für Buchungen in den von ihm nach § 238 Abs. 1 zu führenden Büchern (Buchungsbelege),

(5) sonstige Unterlagen, soweit sie für die Besteuerung von Bedeutung sind.

Die Fristen für die Aufbewahrung betragen gemäß § 257 Abs. 4 HGB für die unter (1) und unter (4) genannten Unterlagen 10 Jahre, für die übrigen in § 257 Abs. 1 HGB bzw. § 147 Abs. 1 AO aufgezählten Unterlagen 6 Jahre. Für steuerliche Zwecke schreibt § 147 Abs. 3 AO die gleichen Fristen vor. Mit Ausnahme der Eröffnungsbilanzen, Jahresabschlüsse und der Konzernabschlüsse können die aufbewahrungspflichtigen Unterlagen auch auf einem Bildträger oder auf anderen Datenträgern aufbewahrt werden, wenn sichergestellt ist, dass die Daten während der Dauer der Aufbewahrungsfrist verfügbar sind und jederzeit lesbar gemacht werden können.

Grundsätze ordnungsmäßiger Bilanzierung

Da einerseits eine ausführliche Diskussion aller Grundsätze ordnungsmäßiger Bilanzierung ein einführendes Lehrbuch zur Buchführung aus didaktischer Sicht überfrachten würde, andererseits der Zusammenhang von Bilanzierung und Buchführung für das Verständnis von Buchungssätzen von elementarer Bedeutung ist, soll in diesem Abschnitt ein Mittelweg eingeschlagen werden. Die Grundsätze ordnungsmäßiger Bilanzierung werden zunächst in Tabellenform kurz vorgestellt. Anschließend werden noch einmal diejenigen Grundsätze gesondert herausgegriffen, die nach Ansicht des Verfassers für das grundlegende Verständnis der hier zu behandelnden Buchführungsregelungen unverzichtbar sind.

Die Grundsätze ordnungsmäßiger Bilanzierung sollen nach formellen und materiellen Grundsätzen unterschieden werden:

Formelle Grundsätze ordnungsmäßiger Bilanzierung		
Grundsatz	**Inhalt**	**Rechtsgrundlage**
Vollständigkeit	Ausweis sämtlicher Vermögensgegenstände und Schulden, Aufwendungen und Erträge	§ 246 Abs. 1 HGB
Richtigkeit und Willkürfreiheit	Bilanz muss nach den gültigen Ansatz- und Bewertungsregeln aufgestellt werden.	–
Klarheit und Übersichtlichkeit	Insbesondere Beachtung der Gliederungsvorschriften der Bilanz und GuV	§ 243 Abs. 2 HGB
Bilanzidentität	Mengen- und wertmäßige Übereinstimmung der Ansätze in der Eröffnungsbilanz und der vorangegangenen Schlussbilanz	§ 252 Abs. 1 Nr. 1 HGB
Formelle Bilanzkontinuität	Form der Darstellung, insbesondere der Gliederung der Bilanz und der GuV ist beizubehalten.	§ 265 Abs. 1 HGB
Zeitgerechtigkeit	Einhaltung der Aufstellungsfristen	§ 243 Abs. 3 HGB
Saldierungsverbot	Keine Aufrechnung zwischen Aktiv- und Passivposten	§ 246 Abs. 2 HGB

Materielle Grundsätze ordnungsmäßiger Bilanzierung		
Going-Concern-Prinzip	Bei der Bewertung ist von der Unternehmensfortführung auszugehen.	§ 252 Abs. 1 Nr. 2 HGB
Einzelbewertung	Vermögensgegenstände und Schulden sind einzeln zu bewerten.	§ 252 Abs. 1 Nr. 3 HGB
Stichtagsprinzip	Vermögensgegenstände und Schulden sind zum Abschlussstichtag zu bewerten.	§ 252 Abs. 1 Nr. 3 HGB
Vorsichtsprinzip	Vorsichtige Bewertung der Vermögensgegenstände und Schulden	§ 252 Abs. 1 Nr. 4 HGB
Realisationsprinzip	Kein Ausweis von noch nicht durch Umsatz realisierten Gewinnen	§ 252 Abs. 1 Nr. 4 HGB
Imparitätsprinzip	Im Gegensatz zu Gewinnen sind noch nicht durch Umsatz realisierte Verluste im Jahresabschluss zu berücksichtigen.	§ 252 Abs. 1 Nr. 4 HGB
Anschaffungskosten-prinzip	Vermögensgegenstände sind höchstens mit den historischen bzw. fortgeführten Anschaffungs- bzw. Herstellungskosten anzusetzen.	§ 253 HGB
Periodenabgrenzung	Aufwendungen und Erträge des Geschäftsjahres sind unabhängig von den Zahlungszeitpunkten im Jahresabschluss zu berücksichtigen.	§ 252 Abs. 1 Nr. 5 HGB
Materielle Bilanzkontinuität	Die im vorhergehenden Jahresabschluss angewandten Bewertungsmethoden sollen beibehalten werden.	§ 252 Abs. 1 Nr. 6 HGB

Näher erläutert werden im Folgenden das Vorsichtsprinzip, das Realisationsprinzip, das Imparitätsprinzip sowie der Grundsatz der Periodenabgrenzung.

Vorsichtsprinzip

Gemäß dem Vorsichtsprinzip hat der Kaufmann seine Vermögensgegenstände und Schulden grundsätzlich vorsichtig zu bewerten. Das Vorsichtsprinzip soll verhindern, dass der Kaufmann seine wirtschaftliche Lage günstiger darstellt, als dies den tatsächlichen Verhältnissen entspricht. Damit stellt das Vorsichtsprinzip in der Rechnungslegung ein wesentliches Instrument des Kapitalgeberschutzes dar. Mit dem Realisationsprinzip und dem Imparitätsprinzip besitzt das Vorsichtsprinzip zwei konkrete Ausprägungen.

Realisationsprinzip

Imparitätsprinzip

Das Realisationsprinzip verbietet den Ausweis von noch nicht durch Umsatz realisierten Gewinnen. Nach dem Imparitätsprinzip hingegen müssen drohende Verluste buchungstechnisch bereits vor ihrer Realisation erfasst werden. Dies bedeutet z. B., dass bei der Bewertung von Warenvorräten in einem Handelsunternehmen Wertminderungen der Waren gegenüber dem Anschaffungswert in der Rechnungslegung berücksichtigt werden müssen, während entsprechende Werterhöhungen gegenüber dem Anschaffungswert nicht angesetzt werden dürfen.

Grundsatz der Periodenabgrenzung

Der Grundsatz der Periodenabgrenzung soll sicherstellen, dass Aufwendungen und Erträge – unabhängig von den entsprechenden Zahlungszeitpunkten – den Geschäftsjahren zugeordnet werden, zu denen sie auch wirtschaftlich gehören, und damit eine periodengerechte Gewinnermittlung gewährleisten. Gemäß diesem Grundsatz ist z. B. eine Mietvorauszahlung des Unternehmens für das nächste Geschäftsjahr als Aufwand des nächsten Geschäftsjahres anzusehen.

5. Zusammenfassung

Das betriebliche Rechnungswesen lässt sich grundsätzlich in das externe und das interne Rechnungswesen unterteilen. Zum externen Rechnungswesen gehören der Jahresabschluss und die Finanzbuchführung. Das interne Rechnungswesen umfasst die Kosten- und Leistungsrechnung sowie Investitions- und Finanzrechnungen.

In der Buchführung werden Geschäftsvorfälle lückenlos und systematisch erfasst. Die Buchführung ist Grundlage für die Erstellung des Jahresabschlusses. Sie trägt als laufendes Rechnungswesen zur Erfüllung der Informations-, der Gewinnermittlungs- und der Steuerbemessungsfunktion des externen Rechnungswesens bei.

Buchführungspflichten für Kaufleute ergeben sich zum einen aus handelsrechtlichen, zum anderen aus steuerrechtlichen Vorschriften. Die Buchführungspflicht im Handelsrecht setzt am Kaufmannsbegriff an. Das Steuerrecht unterscheidet zwischen einer derivativen (abgeleiteten) und einer originären (eigenständigen) Buchführungspflicht.

Die Grundsätze ordnungsmäßiger Buchführung sind anerkannte Regeln, die angeben, wie Bücher zu führen sind und wie die Erstellung des Inventars und des Jahresabschlusses zu erfolgen hat. Sie sollen dazu beitragen, dass sinnvoll Rechnung gelegt wird. Die Regeln, die die laufende Buchführung zum Gegenstand haben, werden als Grundsätze ordnungsmäßiger Buchführung im engeren Sinne bezeichnet.

6. Wiederholungsfragen

- ❍ 1. Warum unterliegt das externe Rechnungswesen gesetzlichen Vorgaben, das interne Rechnungswesen nicht? Lösung S. 2, 3
- ❍ 2. Was versteht man unter der Informations-, der Gewinnermittlungs-, und der Steuerbemessungsfunktion des externen Rechnungswesens? Lösung S. 7-9
- ❍ 3. Was versteht man unter einem Kannkaufmann? Lösung S. 11, 12
- ❍ 4. Welche Buchführungspflichten ergeben sich für die verschiedenen Kaufmannsarten nach HGB? Lösung S. 13
- ❍ 5. Was versteht man steuerrechtlich unter der derivativen und der originären Buchführungspflicht? Lösung S. 14, 15
- ❍ 6. Welche Zwecke werden mit den Grundsätzen ordnungsmäßiger Buchführung verfolgt? Lösung S. 15
- ❍ 7. Warum sind nicht alle Grundsätze ordnungsmäßiger Buchführung im Gesetz kodifiziert? Lösung S. 15
- ❍ 8. Erläutern Sie die Methoden zur Ermittlung der Grundsätze ordnungsmäßiger Buchführung! Lösung S. 16
- ❍ 9. Nehmen Sie eine Systematisierung der Grundsätze ordnungsmäßiger Buchführung vor! Lösung S. 16
- ❍ 10. Erläutern Sie die Elementargrundsätze ordnungsmäßiger Buchführung im engeren Sinne! Lösung S. 17, 18
- ❍ 11. Erläutern Sie die Intention des Vorsichtsprinzips! Lösung S. 23

Das System der doppelten Buchführung

Lernziele dieses Kapitels

- Erfassung des Zusammenhangs zwischen Inventar, Bilanz und Buchführung.
- Verstehen, wie die Konten der Buchführung aus der Bilanz abgeleitet werden.
- Erfassung des Prinzips der Verbuchung von Geschäftsvorfällen.
- Erkennen der besonderen Bedeutung des Eigenkapitalkontos.
- Kenntnis des Gesamtzusammenhangs der in der Buchführung verwendeten Konten.

1. Vorbemerkungen

Grundsätzlich lassen sich drei Systeme der Buchführung unterscheiden:

- kameralistische Buchführung,
- einfache Buchführung und
- doppelte Buchführung.

Kameralistische Buchführung

Die kameralistische Buchführung findet Anwendung in der öffentlichen Verwaltung. Sie ist eine Soll-Ist-Rechnung, in der vorausgeplante Einnahmen und Ausgaben mit tatsächlichen Mittelzu- und -abflüssen verglichen werden.

Kaufmännische Buchführung

Einfache und doppelte Buchführung sind Rechnungssysteme der kaufmännischen Buchführung. Welches der beiden Systeme der Kaufmann zu verwenden hat, wird durch das Gesetz nicht explizit vorgeschrieben. Da jedoch der Gesetzgeber in § 242 Abs. 2 HGB die Aufstellung einer Gewinn- und Verlustrechnung verlangt, gibt er damit indirekt den Kaufleuten die doppelte kaufmännische Buchführung vor.

Einfache Buchführung

Eine aussagefähige Gewinn- und Verlustrechnung lässt sich aus der einfachen Buchführung, der gegenüber der doppelten Buchführung das dort typische Prinzip der doppelten Verbuchung fehlt, nicht herleiten.

Doppelte Buchführung

Daher wird im weiteren Verlauf dieses Lehrbuchs ausschließlich auf das System der doppelten Buchführung eingegangen. Die Bezeichnung »doppelte Buchführung« bringt zum Ausdruck, dass

- jeder Geschäftsvorfall auf mindestens zwei Konten verbucht wird und außerdem
- jeder Geschäftsvorfall in zwei Büchern (Grundbuch und Hauptbuch) einzutragen ist.

DOPPELTE BUCHFÜHRUNG

Bevor in diesem Kapitel die eigentliche Buchungstechnik erläutert wird, werden im Folgenden zunächst mit dem Inventar und der Bilanz zwei Instrumente beschrieben, die für das Verständnis der Buchführung unerlässlich sind.

2. Das Inventar

Jeder Kaufmann hat zu Beginn seines Handelsgewerbes ein Eröffnungsinventar und dann für den Schluss eines jeden Geschäftsjahres ein (Jahres-)Inventar aufzustellen (§ 240 Abs. 1 und 2 HGB).

Eröffnungsinventar und (Jahres-)Inventar (§ 240 Abs. 1 und 2 HGB)

Beim Inventar handelt es sich um ein unabhängig von der Buchführung zu erstellendes Verzeichnis, das sämtliche dem Geschäftsbetrieb des Kaufmanns zuzurechnende Vermögensgegenstände und Schulden einzeln nach Art, Menge und Wert zu einem Stichtag ausweist. Das Inventar stellt die Grundlage für die Erstellung der Bilanz dar.

Die Tätigkeit der Bestandsaufnahme wird als Inventur bezeichnet. Dabei handelt es sich um körperliche Erfassungstätigkeiten wie Zählen, Messen und Wiegen von Bestandsmengen.

Inventur

Das Inventar wird in Staffelform aufgestellt und besteht aus den drei Teilbereichen

I. Vermögen

II. Schulden

III. Reinvermögen

Der Aufbau eines Inventars soll am Beispiel der Firma Skibbe verdeutlicht werden:

Inventar der Firma Skibbe zum 01.01.01		
I. Vermögen		
Anlagevermögen		
1. Geschäftsgebäude		80.000,–
2. Maschinen		
2 Maschinen Typ A	12.000,–	
3 Maschinen Typ B	28.000,–	40.000,–
Umlaufvermögen		
1. Roh-, Hilfs- und Betriebsstoffe		
1.200 kg Rohstoff C	6.200,–	
1.100 kg Rohstoff D	1.800,–	8.000,–
2. Forderungen		3.000,–
3. Bankguthaben Raffbank		24.000,–
		155.000,–
II. Schulden		
1. Darlehen Raffbank		20.000,–
2. Verbindlichkeiten aus Lieferungen und Leistungen		12.000,–
		32.000,–
III. Reinvermögen		
Summe des Vermögens		155.000,–
- Summe der Verbindlichkeiten		32.000,–
		123.000,–

Wie aus dem Beispiel-Inventar der Firma Skibbe ersichtlich wird, unterscheidet man im Teilbereich »Vermögen« zwischen Anlagevermögen und Umlaufvermögen.

Zum Anlagevermögen gehören Vermögensgegenstände, die nicht zur Veräußerung bestimmt sind und dauerhaft dem Geschäftsbetrieb dienen (z.B. Gebäude, Betriebs- und Geschäftsausstattung (BGA), Maschinen, Fuhrpark).

Anlagevermögen

Das Umlaufvermögen umfasst Vermögensgegenstände, die zum Umsatz bestimmt sind und sich in der Regel nur kurzzeitig im Betrieb befinden. Hierzu zählen Vermögensgegenstände, die zum Zwecke des Verbrauchs oder der Veräußerung erworben wurden (z.B. Rohstoffe, Erzeugnisse, Waren) oder im Zusammenhang mit der Abwicklung des Zahlungsverkehrs stehen (z.B. Forderungen, Bankguthaben, Kassenbestand).

Umlaufvermögen

Vermögensgegenstände werden grundsätzlich nach dem Grad ihrer Liquidierbarkeit angeordnet, d.h. gemäß der »Geschwindigkeit«, mit der sie sich in liquide Mittel umwandeln lassen. Vermögensgegenstände mit einem geringen Grad der Liquidierbarkeit (z.B. Grundstücke, Gebäude) stehen im Inventar oben, Vermögensgegenstände mit einem hohen Grad der Liquidierbarkeit (z.B. Bankguthaben, Kassenbestand) unten.

Die Schulden (= Fremdkapital) im Teil II des Inventars werden entsprechend ihrer Fristigkeit angeordnet. Zuerst werden die langfristigen Schulden (z.B. Hypothekendarlehen) und dann die kurzfristigen Schulden aufgelistet.

Schulden = Fremdkapital

Im Teil III wird durch die wertmäßige Gegenüberstellung von Vermögensgegenstände und Schulden das Reinvermögen (= Eigenkapital) ermittelt. Dies ist der Betrag, um den der Gesamtwert des Vermögens den Gesamtwert der Schulden übersteigt.

Reinvermögen = Eigenkapital

Zu beachten ist, dass auch immaterielle Vermögensgegenstände, wie z.B. Patente und Beteiligungen, in das Inventar aufgenommen werden. Nicht im Inventar aufzuführen sind Vermögensgegenstände und Schulden, die die private Sphäre des Kaufmanns betreffen.

Die in das Inventar aufzunehmenden Vermögensgegenstände und Schulden sind grundsätzlich einzeln zu erfassen und zu bewerten. Der Gesetzgeber gestattet nur aus Gründen der Vereinfachung und Wirtschaftlichkeit unter bestimmten Voraussetzungen zwei vom Prinzip der Einzelbewertung abweichende Bewertungsverfahren, das Festwertverfahren und die Gruppenbewertung.

Prinzip der Einzelbewertung

Festwertverfahren

§ 240 Abs. 3 HGB erlaubt, Vermögensgegenstände des Sachanlagevermögens sowie Roh-, Hilfs-, und Betriebsstoffe, wenn sie regelmäßig ersetzt werden und ihr Gesamtwert für das Unternehmen von nachrangiger Bedeutung ist, mit einem Festwert anzusetzen, der für mehrere Jahre beibehalten werden kann. Weiterhin ist Voraussetzung für die Anwendung des Festwertverfahrens, dass der Bestand nur geringen Veränderungen unterliegt und alle drei Jahre eine körperliche Bestandsaufnahme durchgeführt wird. In der Literatur häufig genannt wird das Beispiel des Geschirrs einer Gaststätte, dessen Bestand qualitativ und quantitativ auf demselben Niveau gehalten wird.

Gruppenbewertung

§ 240 Abs. 4 HGB ermöglicht, dass gleichartige oder annähernd gleichwertige Vermögensgegenstände und Schulden zu einer Gruppe zusammengefasst und mit dem gewogenen Durchschnittswert angesetzt werden. Für die Gruppenbewertung in Betracht kommen beispielsweise Weinflaschen unterschiedlicher Form und Größe oder Strümpfe unterschiedlicher Größe und Qualitätsklasse.

Vereinfachungen für die Durchführung einer Inventur

Der Gesetzgeber lässt darüber hinaus gemäß § 241 HGB sowohl hinsichtlich des Zeitpunkts als auch hinsichtlich des Umfangs der Bestandsaufnahme Vereinfachungen für die Durchführung einer Inventur zu.

Hinsichtlich des Zeitpunkts der Bestandsaufnahme sind die folgenden Verfahren erlaubt.

Klassische Stichtagsinventur

Unter der klassischen Stichtagsinventur versteht man die vollständige körperliche Bestandsaufnahme der Vermögensgegenstände und Schulden am Abschlussstichtag.

Zeitnahe Inventur

Werden die Inventurarbeiten innerhalb von 10 Tagen vor oder nach dem Abschlussstichtag durchgeführt, spricht man von der zeitnahen Inventur. Damit das Inventar auf den Abschlussstichtag selbst aufgestellt werden kann, müssen Bestandsänderungen zwischen dem Tag der Inventur und dem Abschlussstichtag an Hand von Belegen mengen- und wertmäßig erfasst werden.

Zeitlich verlegte Inventur

Bei der zeitlich verlegten Inventur kann das Inventar ganz oder teilweise zu einem anderen Zeitpunkt innerhalb der letzten drei Monate vor oder in den ersten beiden Monaten nach dem Bilanzstichtag aufgestellt werden. Das zu diesem Zeitpunkt aufgestellte Bestandsverzeichnis wird vom Gesetzgeber als »besonderes Inventar« bezeichnet. Um auf den am Abschlussstichtag vorhandenen Bestand zu kommen, muss eine auf verlässlichen Aufzeichnungen basierende, wertmäßige Fortschreibung oder Rückrechnung erfolgen.

Permanente Inventur

Der Zeitpunkt der Bestandsaufnahme ist bei der permanenten Inventur innerhalb eines Geschäftsjahres frei wählbar. Unabdingbare Voraussetzung der permanenten Inventur ist jedoch eine zuverlässige Lagerbuchführung, in der alle Bestände, Zugänge und Abgänge einzeln nach Tag, Art und Menge erfasst werden. Zudem muss jährlich mindestens einmal – wenngleich nicht für alle Bestände gleichzeitig – durch körperliche Bestandsaufnahme die Richtigkeit der Buchbestände überprüft werden. In das Inventar zum Abschlussstichtag werden die Buchbestände übernommen, die für diesen Tag in der Lagerbuchführung ausgewiesen werden.

Hinsichtlich des Umfangs der Inventur kann der Kaufmann zwischen folgenden Verfahren wählen.

Vollständige Inventur

Die vollständige Inventur stellt eine Vollerhebung dar. Es werden alle Vermögensgegenstände und Schulden lückenlos erfasst.

Stichprobeninventur

Bei der Stichprobeninventur darf der Bestand nach Art, Menge und Wert mit Hilfe anerkannter mathematisch-statistischer Methoden auf Grund von Stichproben ermittelt werden. Von einer Teilerhebung wird mit Hilfe von Hochrechnungen auf den Gesamtbestand geschlossen. Die Stichprobeninventur erleichtert somit besonders die Erhebungsarbeiten bei Beständen mit großen Stückzahlen. Nach § 241 Abs. 1 HGB ist darauf zu achten, dass das verwendete Verfahren den Grundsätzen ordnungsmäßiger Buchführung entspricht und der Aussagewert des aufgrund einer Stichprobeninventur erstellten Inventars dem Aussagewert eines Inventars entspricht, das sich aus einer vollständigen körperlichen Bestandsaufnahme ergibt.

3. Die Bilanz

Aufstellungspflicht nach § 242 Abs. 1 HGB

Gemäß § 242 Abs. 1 HGB hat der Kaufmann zu Beginn seines Handelsgewerbes und für den Schluss eines jeden Geschäftsjahres einen das Verhältnis seines Vermögens und seiner Schulden darstellenden Abschluss (Eröffnungsbilanz, Bilanz) aufzustellen.

Grundlage für die Erstellung der Bilanz ist das Inventar. Dem Inventar entnimmt der Kaufmann die in der Bilanz aufzuführenden Vermögenswerte und Schulden.

Bilanz als Gegenüberstellung von Vermögensquellen und Vermögenswerten

Jedoch erfolgen in der Bilanz die Angaben zu den Vermögenswerten und Schulden in einer komprimierten Form. Die einzelnen Positionen des Inventars werden in der Bilanz zu Gruppen zusammengefasst. Die im Inventar verlangten Mengenangaben verschwinden, in der Bilanz sind lediglich Wertangaben zu finden. Schließlich werden in der Bilanz im Gegensatz zum Inventar die Vermögenswerte und Schulden einander in Kontenform gegenübergestellt. Der Aufbau einer Bilanz ist damit so angelegt, dass die Bilanz sich als eine Gegenüberstellung von Vermögensquellen (also Mittelherkunft) und Vermögenswerten (also Mittelverwendung) zu einem gegebenen Stichtag charakterisieren lässt.

Im Beispiel der bereits bekannten Firma Skibbe würde diese Gegenüberstellung wie folgt aussehen.

Gegenüberstellung von Vermögensquellen und Vermögenswerten

Vermögenswerte

Geschäftsgebäude	80.000,–
Maschinen	40.000,–
Roh-, Hilfs- und Betriebsstoffe	8.000,–
Forderungen	3.000,–
Bankguthaben	24.000,–

Vermögensquellen

Eigene Mittel	123.000,–
Fremde Mittel	32.000,–

Während auf der rechten Seite der Abbildung Informationen zu den finanziellen Mitteln (= Vermögensquellen) zu finden sind, erkennt man auf der linken Seite der Abbildung, in welche Vermögenswerte diese finanziellen Mittel geflossen sind.

Anders formuliert kann die Bilanz auch als eine kontenmäßige Gegenüberstellung des Vermögens und der Schulden bezeichnet werden, die durch das Eigenkapital zum Ausgleich gebracht wird. Das Eigenkapital entspricht also der Differenz zwischen dem Gesamtwert der Vermögensgegenstände und dem Gesamtwert des Fremdkapitals.

Folgende Abbildung zeigt die diesem Prinzip entsprechende Grundstruktur einer Bilanz.

Aktiva	Bilanz zum 31.12. ..	Passiva

Vermögen	Eigenkapital
	Fremdkapital

Die linke Seite der Bilanz wird Aktivseite, die rechte Seite der Bilanz Passivseite genannt. Entsprechend werden die auf der Aktivseite zu erfassenden Vermögensgegenstände als Aktiva und die auf der Passivseite einzutragenden Kapitalpositionen als Passiva bezeichnet. Von »Aktivieren« spricht man, wenn ein Gegenstand auf der Aktivseite der Bilanz angesetzt wird. Der Ausdruck »Passivieren« wird verwendet, wenn Positionen auf der Passivseite der Bilanz eingetragen werden.

Die Gegenüberstellung von Mittelherkunft und Mittelverwendung in der Bilanz führt zwangsläufig dazu, dass die Bilanzsummen auf beiden Seiten der Bilanz gleich groß sein müssen. Es gilt daher stets folgende Gleichung.

Summe der Aktiva = Summe der Passiva

Formaler Aufbau und Mindestgliederung der Bilanz

Der formale Aufbau und die Mindestgliederung einer Bilanz ergeben sich aus § 247 Abs. 1 HGB. Danach sind in einer Bilanz das Anlage- und das Umlaufvermögen, das Eigenkapital, die Schulden sowie die Rechnungsabgrenzungsposten gesondert auszuweisen und hinreichend aufzugliedern.

Kriterium der Liquidierbarkeit

Die Anordnung der Vermögensgegenstände auf der Aktivseite der Bilanz erfolgt – wie bereits aus den Erläuterungen zum Inventar bekannt – gemäß dem Kriterium der Liquidierbarkeit. Den Anfang bilden Vermögensgegenstände, die nicht unmittelbar in Geld zu transformieren sind. Am Ende stehen leicht liquidierbare Güter. Das Anlagevermögen wird folglich stets vor dem Umlaufvermögen aufgeführt.

Kriterium der Fristigkeit

Die Positionen der Passivseite werden gemäß dem ebenfalls bereits bekannten Kriterium der Fristigkeit angeordnet. Da das Eigenkapital dem Unternehmen von seinen Eigentümern unbefristet zur Verfügung gestellt wird, wird es auf der Passivseite grundsätzlich an erster Stelle aufgeführt. Daran schließt sich das Fremdkapital an, das sich nach den (später noch zu erläuternden) Schuldkategorien »Rückstellungen« und »Verbindlichkeiten« weiter untergliedern lässt.

Bei den ebenfalls in § 247 Abs. 1 HGB angesprochenen Rechnungsabgrenzungsposten handelt es sich nicht um Vermögensgegenstände und Schulden. (Aktive und passive) Rechnungsabgrenzungsposten stellen Korrekturgrößen zum Zwecke der periodengerechten Gewinnermittlung dar. Sie werden an anderer Stelle näher erläutert.

Wie detailliert die in § 247 Abs. 1 HGB verlangte Aufgliederung der Aktiv- und der Passivseite zu sein hat, wird im Falle von Einzelunternehmen und Personenhandelsgesellschaften durch das HGB nicht konkret geregelt. Das Gliederungsschema hängt bei diesen Rechtsformen von der Größe und dem Gegenstand des Unternehmens ab und muss den Grundsätzen ordnungsmäßiger Buchführung genügen.

Ein Beispiel für die Bilanzgliederung eines solchen Unternehmens könnte wie folgt aussehen.

AKTIVA (Vermögen) (Mittelverwendung)	**PASSIVA** (Kapital) (Mittelherkunft)
A. Anlagevermögen 1. Immaterielle Vermögensgegenstände 2. Sachanlagen a) Grundstücke und Gebäude b) Technische Anlagen und Maschinen c) Betriebs- und Geschäftsausstattung **B. Umlaufvermögen** 1. Vorräte 2. Forderungen 3. Wertpapiere 4. Schecks, Guthaben bei Kreditinstituten, Kassenbestand **C. Rechnungsabgrenzungsposten**	**A. Eigenkapital** **B. Rückstellungen** **C. Fremdkapital** 1. Anleihen 2. Verbindlichkeiten gegenüber Kreditinstituten 3. Verbindlichkeiten aus Lieferungen und Leistungen **D. Rechnungsabgrenzungsposten**
BILANZSUMME	BILANZSUMME

Kapitalgesellschaften unterliegen aufgrund des Kapitalgeberschutzes strengeren Vorschriften. Für sie hat der Gesetzgeber in § 266 HGB ein ausführliches Bilanzgliederungsschema zwingend vorgeschrieben. Für große und mittelgroße Kapitalgesellschaften im Sinne des § 267 Abs. 2 und 3 HGB ist das Bilanzgliederungsschema des § 266 Abs. 2 und 3 HGB verbindlich. Es stellt sich wie folgt dar:

Bilanzgliederungsschema des § 266 HGB

Aktivseite

A. Anlagevermögen
  I. Immaterielle Vermögensgegenstände
    1. Konzessionen, gewerbliche Schutzrechte und ähnliche Rechte sowie Lizenzen an solchen Rechten und Werten
    2. Geschäfts- oder Firmenwert
    3. geleistete Anzahlungen
  II. Sachanlagen
    1. Grundstücke, grundstücksgleiche Rechte und Bauten einschließlich der Bauten auf fremden Grundstücken
    2. technische Anlagen und Maschinen
    3. andere Anlagen, Betriebs- und Geschäftsausstattung
    4. geleistete Anzahlungen und Anlagen im Bau
  III. Finanzanlagen
    1. Anteile an verbundenen Unternehmen
    2. Ausleihungen an verbundene Unternehmen
    3. Beteiligungen
    4. Ausleihungen an Unternehmen, mit denen ein Beteiligungsverhältnis besteht

B. Umlaufvermögen
  I. Vorräte
    1. Roh-, Hilfs-, und Betriebsstoffe
    2. unfertige Erzeugnisse, unfertige Leistungen
    3. fertige Erzeugnisse und Waren
    4. geleistete Anzahlungen
  II. Forderungen und sonstige Vermögensgegenstände
    1. Forderungen aus Lieferungen und Leistungen
    2. Forderungen gegen verbundene Unternehmen
    3. Forderungen gegen Unternehmen, mit denen ein Beteiligungsverhältnis besteht
    4. sonstige Vermögensgegenstände
  III. Wertpapiere
    1. Anteile an verbundenen Unternehmen
    2. eigene Anteile

3. sonstige Wertpapiere

IV. Schecks, Kassenbestand, Bundesbank- und Postgiroguthaben, Guthaben bei Kreditinstituten

C. Rechnungsabgrenzungsposten

Passivseite

A. Eigenkapital

I. Gezeichnetes Kapital

II. Kapitalrücklage

III. Gewinnrücklage

1. gesetzliche Rücklage
2. Rücklage für eigene Anteile
3. satzungsmäßige Rücklagen
4. andere Gewinnrücklagen

IV. Gewinnvortrag/Verlustvortrag

V. Jahresüberschuss/Jahresfehlbetrag

B. Rückstellungen

1. Rückstellungen für Pensionen und ähnliche Verpflichtungen
2. Steuerrückstellungen
3. sonstige Rückstellungen

C. Verbindlichkeiten

1. Anleihen, davon konvertibel
2. Verbindlichkeiten gegenüber Kreditinstituten
3. erhaltene Anzahlungen auf Bestellungen
4. Verbindlichkeiten aus Lieferungen und Leistungen
5. Verbindlichkeiten aus der Annahme gezogener Wechsel und der Ausstellung eigener Wechsel
6. Verbindlichkeiten gegenüber verbundenen Unternehmen
7. Verbindlichkeiten gegenüber Unternehmen, mit denen eine Beteiligungsverhältnis besteht
8. sonstige Verbindlichkeiten,
   davon aus Steuern,
   davon im Rahmen der sozialen Sicherheit

D. Rechnungsabgrenzungsposten

Kleine Kapitalgesellschaften müssen nur eine verkürzte Bilanz aufstellen, in der lediglich die mit Buchstaben und römischen Zahlen bezeichneten Posten gesondert auszuweisen sind.

4. Grundlagen der Buchungstechnik

Die im letzten Abschnitt beschriebene Grundstruktur einer Bilanz ist für das Verständnis der Buchführung von entscheidender Bedeutung. Wie Bilanz und Buchführung zusammenhängen, soll in diesem Abschnitt verdeutlicht werden.

4.1 Auflösung der Bilanz in Bestandskonten

Bilanz ist zeitpunktbezogen.

Die Bilanz ist zeitpunktbezogen, d. h. sie stellt das Vermögen und das Kapital einer Unternehmung zu einem ganz bestimmten Zeitpunkt, dem so genannten Bilanzstichtag, dar. Sie ist damit das Ergebnis einer Vielzahl von Geschäftsvorfällen, die während des Geschäftsjahres im Unternehmen stattfinden und die Höhe und/oder Struktur des Vermögens, des Eigenkapitals und/oder der Schulden verändern. Jeder einzelne Geschäftsvorfall hat somit Auswirkungen auf die in der Bilanz enthaltenen Aktiva und/oder Passiva. Diese ständigen Veränderungen der Bilanzpositionen durch Geschäftsvorfälle während des Geschäftsjahres zu erfassen, ist Aufgabe der Buchführung.

Laufende Fortschreibung der Bilanz kaum praktikabel.

Ein Verfahren, das gewährleisten würde, dass alle Geschäftsvorfälle in der Bilanz am Ende des Geschäftsjahres auch tatsächlich Berücksichtigung finden, wäre die laufende Fortschreibung der Bilanz nach jedem Geschäftsvorfall. Es ist offensichtlich, dass eine derartige Vorgehensweise aufgrund der Vielzahl der Geschäftsvorfälle äußerst unübersichtlich und kaum praktikabel wäre.

Dieses erfassungstechnische Problem wird in der Buchführung dadurch gelöst, dass die Eröffnungsbilanz in so genannte Bestandskonten zerlegt wird und die Geschäftsvorfälle während der Periode auf diesen Konten erfasst werden. Erst am Ende des Geschäftsjahres erfolgt wieder eine Zusammenfassung der Bestandskonten zur Schlussbilanz. Diese Vorgehensweise kann als eine Art Kreislauf angesehen werden, da die Bilanz sowohl den Anfang und als auch das Ende der jährlichen buchhalterischen Tätigkeit darstellt.

Zerlegung der Eröffnungsbilanz in Bestandskonten

Bei der Zerlegung der Eröffnungsbilanz in die Bestandskonten erhält jede Bilanzposition mindestens ein eigenes Konto. Auch die Aufspaltung einer Bilanzposition in mehrere Konten ist möglich, falls dies aus Gründen der Übersichtlichkeit notwendig ist.

T-Konto

Ein Konto ist eine zweiseitig geführte Aufstellung, die äußerlich die Form eines großen »T« besitzt und deshalb häufig auch als T-Konto bezeichnet wird. Die linke Seite eines Kontos ist stets mit »Soll« (Soll-

Seite), die rechte Seite mit »Haben« (Haben-Seite) überschrieben. Außerdem ist in der Mitte über dem Konto der Kontennamen angegeben. Das Erscheinungsbild eines Kontos kann nachstehender Abbildung entnommen werden:

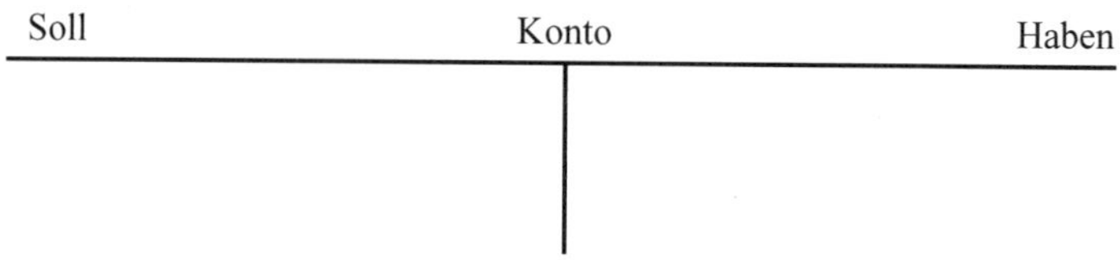

»Soll« und »Haben«

Die Bezeichnungen »Soll« und »Haben« stammen aus den Anfängen der Erfassung von Schuldverhältnissen in Kontenform (auf der Soll-Seite wurden ursprünglich die Beträge erfasst, die ein Kunde noch zahlen soll, auf der Habenseite die Beträge, die die Kunden gut haben). Aufgrund der heutigen Verwendung dieser Begriffe für alle Konten haben sie jedoch ihren ursprünglichen Wortsinn verloren. Um Missverständnisse zu vermeiden, empfiehlt es sich sogar, diese ursprüngliche Bedeutung von »Soll« und »Haben« beim Verbuchen von Geschäftsvorfällen aus dem Gedächtnis zu streichen und die Begriffe entsprechend der heutigen Verwendung lediglich als Überschriften der Kontenseiten zu verstehen.

Aktivkonten und Passivkonten

Bei der Ableitung der Bestandskonten aus der Eröffnungsbilanz werden die Positionen der Aktivseite der Eröffnungsbilanz in aktive Bestandskonten (Aktivkonten), und die Positionen der Passivseite in passive Bestandskonten (Passivkonten) überführt. Die folgende Abbildung macht deutlich, dass die aus der Eröffnungsbilanz zu entnehmenden Anfangsbestände in den Bestandskonten auf der gleichen Seite einzutragen sind wie in der Bilanz. Bei einem Aktivkonto muss der Eintrag des Anfangsbestandes folglich auf der linken Seite (Sollseite), bei einem Passivkonto auf der rechten Seite (Habenseite) erfolgen.

Bestandskonten haben die Aufgabe, Bestandsänderungen zu erfassen.

Die Bestandskonten haben die Aufgabe, die während eines Geschäftsjahres stattfindenden Bestandsänderungen, also die Zu- und Abgänge an Vermögen, Schulden und Eigenkapital zu erfassen. Da Zugänge eine Erhöhung und Abgänge eine Verminderung des Anfangsbestandes darstellen, werden bei Aktivkonten Zugänge auf der Sollseite (auf der Seite des Anfangsbestandes), und Abgänge auf der Habenseite (auf der dem Anfangsbestand gegenüberliegenden Seite) eingetragen. Umgekehrt verhält sich die Erfassung von Zu- und Abgängen folglich bei Passivkonten. Sie verzeichnen Zugänge auf der Habenseite (auf der Seite des Anfangsbestandes) und Abgänge auf der Sollseite (auf der dem Anfangsbestand gegenüberliegenden Seite).

Auflösung der Eröffnungsbilanz in Konten

AKTIVA		Eröffnungsbilanz	PASSIVA
A. Anlagevermögen		A. Eigenkapital	123.000,-
1. Geschäftsgebäude	80.000,-	B. Verbindlichkeiten	
2. Maschinen	40.000,-	1. Darlehen	20.000,-
B. Umlaufvermögen		2. Verbindlichkeiten aus Lieferungen und Leistungen	12.000,-
1. Roh-, Hilfs- u. Betriebsstoffe	8.000,-		
2. Forderungen	3.000,-		
3. Bankguthaben	24.000,-		
	155.000,-		155.000,-

S	Geschäftsgebäude H
80.000,-	

S	Eigenkapital H
	123.000,-

S	Maschinen H
40.000,-	

S	Darlehen H
	20.000,-

S	Roh-, Hilfs- und Betriebsstoffe H
8.000,-	

S	Verbindlichkeiten H
	12.000,-

S	Forderungen H
3.000,-	

S	Bankguthaben H
24.000,-	

Endbestand eines Kontos ergibt sich als Differenz aus der Soll- und Habenseite.

Der Endbestand eines Kontos ergibt sich als Differenz aus der Summe von Soll- und Habenseite. Dieser Unterschiedsbetrag aus den beiden Seiten eines Kontos wird in der Buchführung Saldo genannt. Er stellt den Überschuss einer Kontenseite über die andere dar und ist stets auf der kleineren der beiden Seiten eines Kontos einzustellen. Die Einstellung des Saldos auf die kleinere Kontenseite gewährleistet somit die Summengleichheit der beiden Kontenseiten am Geschäftsjahresende. Während bei einem Aktivkonto folglich der Saldo auf der kleineren Habenseite auszuweisen, ist bei einem Passivkonto der Saldo auf der kleineren Sollseite einzutragen.

Habensaldo

Der Saldo wird stets nach der größeren Kontenseite benannt. Befindet sich der Saldo auf der Sollseite, wird er als Habensaldo bezeichnet, da er den Überschuss der Habenseite darstellt. Umgekehrt spricht man bei

Sollsaldo

einem auf der Habenseite eingestellten Unterschiedsbetrag von einem Sollsaldo, da jener dem Überschuss der Sollseite entspricht.

Die nachstehenden beiden Abbildungen zeigen den Aufbau eines Aktivkontos und eines Passivkontos. Zu beachten ist, dass bei einem vollständigen Kontoeintrag neben den Beträgen auch das Datum und der Geschäftsvorfall zu vermerken sind.

Soll	Aktivkonto Haben
Anfangsbestand	Abgänge
Zugänge	
	Saldo = Endbestand

Soll	Passivkonto Haben
Abgänge	Anfangsbestand
	Zugänge
Saldo = Endbestand	

Diese Abbildungen machen deutlich, dass unabhängig davon, ob ein Aktiv- oder ein Passivkonto vorliegt, folgende Beziehung Gültigkeit besitzt.

$$\text{Anfangsbestand} + \text{Zugänge} = \text{Abgänge} + \text{Endbestand}$$

Der Endbestand lässt sich also wie folgt bestimmen.

$$\text{Endbestand} = \text{Anfangsbestand} + \text{Zugänge} - \text{Abgänge}$$

Der auf diese Weise berechnete Endbestand wird als buchmäßiger Endbestand bezeichnet.

Zusammenfassung der Bestandskonten zur Schlussbilanz

Am Ende des Geschäftsjahres erfolgt eine Zusammenfassung der Bestandskonten zur Schlussbilanz. Dazu sind die über die Bestandskonten ermittelten Endbestände in die Schlussbilanz zu übertragen. Die Endbestände von Aktivkonten sind gemäß der Grundstruktur der Bilanz auf die Aktivseite, die Endbestände von Passivkonten auf die Passivseite der Schlussbilanz einzustellen. Die Übertragung der Endbestände erfolgt dabei auf die Bilanzpositionen, aus denen die jeweiligen Bestandskonten zu Beginn des Geschäftsjahres hervorgegangen sind.

Zunächst ist allerdings jeder einzelne buchmäßige Endbestand mit dem entsprechenden Bestand zu vergleichen, der durch die Inventur ermittelt wurde. Falls sich Differenzen zwischen beiden Größen ergeben, ist der buchmäßige Endbestand an den durch Inventur ermittelten Wert anzupassen, da letzterer den tatsächlich vorhandenen Bestand zum Bilanzstichtag angibt. Entstanden sein können derartige Differenzen z.B. durch Schwund, Verderb oder Diebstahl.

4.2 Der Buchungssatz

Unter einer Buchung wird die Eintragung eines Geschäftsvorfalls auf die jeweils beteiligten Konten verstanden. Dabei bezeichnet man die Buchung auf der Sollseite eines Kontos als Sollbuchung und die Buchung auf der Habenseite eines Kontos entsprechend als Habenbuchung.

Wie weiter oben bereits verdeutlicht, muss in einer Bilanz stets die Gleichung

$$\text{Summe der Aktiva} = \text{Summe der Passiva}$$

erfüllt sein, d. h. dass auch nach der Buchung eines Geschäftsvorfalls die Bilanzsummen auf beiden Seiten der Bilanz gleich groß sein müssen. Dies ist jedoch nur dann gewährleistet, wenn durch einen Geschäftsvorfall mindestens zwei Bilanzpositionen verändert werden. Da Geschäftsvorfälle vereinbarungsgemäß nicht direkt in der Bilanz, sondern in Konten erfasst werden, bedeutet dies, dass die Verbuchung eines Geschäftsvorfalls auf mindestens zwei Konten erfolgen muss, und zwar bei dem einen Konto auf der Sollseite und bei dem anderen Konto auf der Habenseite. Damit die Gleichheit der Bilanzsummen nach der Verbuchung eines Geschäftsvorfalls weiterhin sichergestellt ist, muss für jeden einzelnen Geschäftsvorfall stets die Summe der auf der Sollseite verbuchten Beträge mit der Summe der auf der Habenseite verbuchten Beträge übereinstimmen. Es muss also pro Geschäftsvorfall gelten.

Verbuchung eines Geschäftsvorfalls auf mindestens zwei Konten

$$\begin{matrix}\text{Summe der Sollbuchungs-} \\ \text{Beiträge}\end{matrix} = \begin{matrix}\text{Summe der Habenbuchungs-} \\ \text{Beiträge}\end{matrix}$$

Dieses hier beschriebene Prinzip der Verbuchung von Geschäftsvorfällen, wonach für jede Buchung auf einem Konto eine entsprechende Gegenbuchung auf (mindestens) einem anderen Konto notwendig ist, ist das charakteristische Merkmal des Systems der doppelten Buchführung und begründet deren Namen.

Im Rahmen der Buchführung muss für jeden Geschäftsvorfall angegeben werden, auf welchem Konto die Soll- und auf welchem Konto die Habenbuchung durchzuführen ist. Da eine vollständige verbale Umschreibung jeder einzelnen Buchung sehr umständlich wäre, macht man sich in der Buchführung eine Sprachvereinfachung, den so genannten Buchungssatz, zu nutze. Durch den Buchungssatz werden auf einfache Art und Weise die Konten und die entsprechenden Kontenseiten angezeigt, die von einem Geschäftsvorfall betroffen sind. Es gilt dabei folgende Vereinbarung.

Soll- und Habenbuchung

Zuerst wird das Konto angegeben, bei dem die Buchung auf der Soll-Seite zu erfolgen hat (»Sollkonto«). An zweiter Stelle wird das Konto genannt, bei dem die Buchung auf der Habenseite vorzunehmen ist (»Habenkonto«). Zwischen die Namen der beiden Konten wird das Wort »an« oder ein Schrägstrich »/« eingefügt. Am Ende des Buchungssatzes wird schließlich der Buchungsbetrag angegeben. Die allgemeine Form eines Buchungssatzes lautet damit:

Sollkonto an Habenkonto Betrag

oder

Sollkonto / Habenkonto Betrag

Wie der Buchungssatz für einen gegebenen Geschäftsvorfall herzuleiten ist und welche Schritte dabei im Einzelnen zu beachten sind, wird an folgenden beiden Beispielen erläutert.

Beispiel 1: Der Einzelhändler Dürnberger bezieht von einem Großhändler Waren im Wert von 1.500,– und bezahlt diese bar.

Um zum Buchungssatz für diesen Geschäftsvorfalle zu kommen, muss Dürnberger folgende Fragen beantworten.

1. Welche Konten sind durch den Geschäftsvorfall betroffen?

Betroffen sind das Konto Waren und das Konto Kasse, da die Bezahlung der Waren bar erfolgt.

2. Handelt es sich bei den betroffenen Konten um Aktiv- oder Passivkonten?

Bei beiden Konten handelt es sich um Aktivkonten.

3. Liegt auf den betroffenen Konten ein Zugang oder ein Abgang vor?

Auf dem Warenkonto erfolgt ein Zugang von 1.500,–, das Kassenkonto nimmt um 1.500,– ab.

4. Auf welchen Kontenseiten ist jeweils zu buchen?

Da es sich bei dem Warenkonto um ein Aktivkonto handelt, ist die Zunahme auf der Sollseite zu buchen. Im Kassenkonto, das ebenfalls ein Aktivkonto darstellt, ist der Abgang auf der Habenseite zu erfassen.

Auf dem Waren- und dem Kassenkonto sind die Eintragungen demnach wie folgt vorzunehmen.

Soll		*Waren*	*Haben*
Anfangsbestand	...		
Zugang	1.500		

Soll		*Kasse*	*Haben*
Anfangsbestand	...	*Abgang*	1.500

Das Warenkonto, in dem auf der Sollseite gebucht wird (Sollkonto), steht damit auf der linken Seite des Buchungssatzes. Da im Kassenkonto auf der Habenseite gebucht wird (Habenkonto), bildet es die rechte Seite des Buchungssatzes. Der Buchungssatz für obigen Geschäftsvorfall lautet also.

Ware an Kasse 1.500,–

Beispiel 2: Der Großhändler Kapellmann begleicht bestehende Verbindlichkeiten aus Lieferung und Leistung in Höhe von 2.000,– durch Überweisung vom betrieblichen Bankkonto.

Folgende Lösungsschritte sind zu durchlaufen.

1. Durch den Geschäftsvorfall betroffen sind das Konto »Verbindlichkeiten« und das Konto »Bank«.

2. Beim Verbindlichkeitenkonto handelt es sich um ein Passivkonto, beim Bankkonto um ein Aktivkonto.

3. Das Verbindlichkeitenkonto nimmt durch die Begleichung der Schuld um 2.000,– ab. Da diese Verbindlichkeiten über das betriebliche Bankkonto beglichen werden, findet auch dort ein Abgang von 2.000,– statt.

4. Da das Konto Verbindlichkeiten ein Passivkonto darstellt, ist die Abnahme auf der Sollseite zu buchen. Im Aktivkonto Bank ist die entsprechende Abnahme auf der Habenseite einzutragen.

Die Buchungen auf dem Konto »Verbindlichkeiten« und dem Konto »Bank« sind wie folgt vorzunehmen.

Soll		*Verbindlichkeiten*	*Haben*
Abgang	2.000	*Anfangsbestand*	...

Soll		*Bank*	*Haben*
Anfangsbestand	...	*Abgang*	*2.000*

Für den Buchungssatz bedeutet dies, dass das Sollkonto »Verbindlichkeiten« die linke Seite und das Habenkonto »Bank« die rechte Seite des Buchungssatzes bilden. Der Buchungssatz lautet wie folgt.

Verbindlichkeiten an Bank 2.000,–

Einfacher Buchungssatz, zusammengesetzter Buchungssatz

Falls, wie in den beiden vorstehenden Beispielen, lediglich zwei Konten durch einen Geschäftsvorfall angesprochen werden, spricht man von einem einfachen Buchungssatz. Werden durch einen Geschäftsvorfall drei oder mehr Konten berührt, handelt es sich um einen zusammengesetzten Buchungssatz.

Folgendes Beispiel dient der Veranschaulichung eines zusammengesetzten Buchungssatzes.

Beispiel 3: Der Unternehmer Olsen kauft neue Möbel zum Preis von 10.000,– für das Büro seines Unternehmens. Einen Teilbetrag von 4.000,– bezahlt Olsen bar; den Rest muss Olsen entsprechend den vertraglichen Vereinbarungen erst in zwei Monaten bezahlen.

Lösung:

1. Die Möbel werden Bestandteil der Betriebs- und Geschäftsausstattung (BGA), weshalb das auf diesen Namen lautende Konto betroffen ist. Aufgrund der teilweisen Barzahlung von 4.000,– wird außerdem das Kassenkonto angesprochen. Schließlich findet über den Restbetrag von 6.000,– ein so genannter Zieleinkauf statt. Da aus Sicht von Olsen eine Verbindlichkeit entsteht, ist dies auf dem entsprechenden Konto »Verbindlichkeiten« zu vermerken.

2. Beim Konto »BGA« und beim Kassenkonto handelt es sich um Aktivkonten, das Konto »Verbindlichkeiten« ist ein Passivkonto.

3. Im Konto »BGA« findet ein Zugang von 10.000,– statt. Das Konto »Kasse« wird um 4.000,– vermindert, das Konto »Verbindlichkeiten« um 6.000,– erhöht.

4. Beim Aktivkonto »BGA« wird der Zugang auf der Sollseite eingetragen. Die Verminderung des Kassenbestandes wird auf der Habenseite des Aktivkontos »Kasse« und die Zunahme der Verbindlichkeiten ebenfalls auf der Habenseite des Passivkontos »Verbindlichkeiten« erfasst.

Die Verbuchung des Geschäftsvorfalls auf den drei betroffenen Konten wird also wie folgt durchgeführt.

Soll		*BGA*	*Haben*
Anfangsbestand	...		
Zugang	*10.000*		

Soll		*Kasse*	*Haben*
Anfangsbestand	...	*Abgang*	*4.000*

Soll		*Verbindlichkeiten*	*Haben*
		Anfangsbestand	...
		Zugang	*6.000*

Während somit im entsprechenden Buchungssatz das Sollkonto »BGA« auf der linken Seite steht, bilden die beiden Habenkonten »Kasse« und »Verbindlichkeiten« die rechte Seite des Buchungssatzes. Zu beachten ist, dass beim zusammengesetzten Buchungssatz die Nennung eines einzigen Buchungsbetrages am Ende des Buchungssatzes aufgrund der Aufspaltung der Beträge naturgemäß nicht möglich ist. Folglich muss im Buchungssatz bei jedem einzelnen Konto der zu verbuchende Betrag angegeben werden. Der Buchungssatz sieht damit folgendermaßen aus.

BGA	*10.000,–*	*an*	*Kasse*	*4.000,–*
			Verbindlichkeiten	*6.000,–*

Damit nachzuvollziehen ist, auf welchem Geschäftsvorfall der Eintrag eines bestimmten Betrages in einem Konto beruht, wird neben dem Betrag das entsprechende Gegenkonto der Buchung vermerkt. Sind Konto und Gegenkonto der Buchung bekannt, kann jederzeit auf den zugrunde liegenden Sachverhalt zurück geschlossen werden. Für obiges Beispiel 1 mit dem Buchungssatz

Ware	*an*	*Kasse*	*1.500,–*

würde die Eintragung der entsprechenden Gegenkonten neben den gebuchten Beträgen zu folgender Darstellung führen.

Soll		*Waren*	*Haben*
Anfangsbestand	...		
Kasse	*1.500*		

Soll		*Kasse*	*Haben*
Anfangsbestand	...	*Waren*	*1.500*

Stornobuchung

Falls Buchungsfehler korrigiert werden müssen, kann dies nicht einfach mittels Durchstreichen der falschen Konteneintragungen geschehen. Falsche Buchungssätze sind zu stornieren, d. h. durch eine entgegengesetzte Buchung rückgängig zu machen. Wie eine Stornobuchung durchzuführen ist, wird anhand des Beispiels 1 vorgeführt.

Dazu soll angenommen werden, dass die Buchung aus Beispiel 1 versehentlich vorgenommen wurde und daher berichtigt werden muss. Die Stornobuchung lautet.

Kasse *an* *Ware* *1.500,–*

Dass diese Stornobuchung die ursprüngliche Falschbuchung rückgängig macht, wird insbesondere deutlich, wenn man sich die folgende Kontendarstellung betrachtet. In die betreffenden Konten wurden die ursprüngliche Falschbuchung (gekennzeichnet durch ein F) und die anschließende Stornobuchung (gekennzeichnet durch ein S) eingetragen.

Soll		*Waren*	*Haben*
Anfangsbestand	...		
(F)	*1.500*	*(S)*	*1.500*

Soll		*Kasse*	*Haben*
Anfangsbestand	...	*(F)*	*1.500*
(S)	*1.500*		

4.3 Eröffnungs- und Schlussbilanzkonto

Damit das Prinzip der doppelten Verbuchung über den gesamten Kreislauf der buchhalterischen Tätigkeit erfüllt ist, also von der Auflösung der Eröffnungsbilanz in Bestandskonten bis zu deren Abschluss, werden mit dem Eröffnungsbilanzkonto und dem Schlussbilanzkonto zwei zusätzliche Konten in das Kontensystem integriert.

Eröffnungsbuchungen mit Hilfe des Eröffnungsbilanzkontos

Eröffnungsbuchungen werden mit Hilfe des Eröffnungsbilanzkontos (EBK) vorgenommen. Durch Eröffnungsbuchungen werden die Anfangsbestände der Eröffnungsbilanz auf die jeweiligen Aktiv- und Passivkonten übertragen. Das Eröffnungsbilanzkonto dient im Rahmen der Eröffnungsbuchungen als Gegenkonto der betreffenden Bestandskonten. Da die Anfangsbestände von Aktivkonten auf deren Sollseite einzutragen sind, werden sie in den entsprechenden Eröffnungsbuchungen zuerst genannt. Die Anfangsbestände der Passivkonten müssen auf deren Habenseite erscheinen und stehen deshalb in den Eröffnungsbuchungen an der zweiten Stelle. Die Eröffnungsbuchungen lauten demnach in allgemeiner Form.

aktive Bestandskonten an EBK

EBK an passive Bestandskonten

Das Aktivkonto »Kasse« beispielsweise wird also durch die Buchung

Kasse an EBK

eröffnet, das Passivkonto »Verbindlichkeiten« durch die Buchung

EBK an Verbindlichkeiten

Das Eröffnungsbilanzkonto ist lediglich ein zwischen Eröffnungsbilanz und Bestandskonten geschaltetes Hilfskonto, auf dem die Gegenbuchungen der Konteneröffnung erfasst werden. Die Eröffnungsbilanz kann nicht für die Aufnahme der Gegenbuchungen verwendet werden, weil sie ein auf einen Zeitpunkt bezogenes Instrument der externen Rechnungslegung darstellt und damit außerhalb des Kontensystems der doppelten Buchführung steht.

Betrachtet man die Stellung des Eröffnungsbilanzkontos in den Eröffnungsbuchungen wird schnell klar, dass das Eröffnungsbilanzkonto die Form einer seitenverkehrten Eröffnungsbilanz annimmt. Formale Unterschiede zwischen der Eröffnungsbilanz und dem Eröffnungsbilanzkonto bestehen außerdem darin, dass

- die Eröffnungsbilanz mit Aktiva und Passiva überschrieben ist, das Eröffnungsbilanzkonto als Bestandteil des Kontensystems hingegen mit Soll und Haben,
- sich die Gliederung der Eröffnungsbilanz an den gesetzlichen Vorgaben des HGB auszurichten hat, während die Gliederung im Eröffnungsbilanzkonto ausschließlich nach betrieblichen Gesichtspunkten erfolgt.

Letzterer Punkt kann z. B. dazu führen, dass eine Position der Eröffnungsbilanz für Zwecke der Buchführung im Eröffnungsbilanzkonto weiter aufgespalten wird, also letztlich aus ursprünglich einer Bilanzposition zwei oder mehr Bestandskonten entstehen.

In der Praxis wird häufig auf die Zwischenschaltung des Eröffnungsbilanzkontos verzichtet. In diesem Fall werden die Anfangsbestände durch nachstehenden Buchungssatz direkt aus der Eröffnungsbilanz in die Bestandskonten übertragen.

alle Aktivkonten an alle Passivkonten

Da die Anfangsbestände von Aktivkonten auf der Sollseite und die Anfangsbestände von Passivkonten auf der Habenseite einzutragen sind, werden in diesem Eröffnungsbuchungssatz alle Aktivkonten links und alle Passivkonten rechts der Vokabel »an« aufgelistet.

Abschlussbuchungen mit Hilfe des Schlussbilanzkontos

Um auch beim Abschluss der Bestandskonten das Prinzip der doppelten Buchführung zu gewährleisten, finden die Abschlussbuchungen mit Hilfe des Schlussbilanzkontos (SBK) statt. Das Schlussbilanzkonto nimmt im Rahmen der Abschlussbuchungen als Gegenkonto der Bestandskonten die Salden dieser Konten auf. Da Aktivkonten stets einen Sollsaldo (der Saldo entsteht also auf der Habenseite des Aktivkontos) und Passivkonten stets einen Habensaldo (der Saldo entsteht also auf der Sollseite des Passivkontos) ausweisen, lauten die Buchungssätze zum Abschluss der Konten wie folgt.

SBK an aktive Bestandskonten

passive Bestandskonten an SBK

Das Aktivkonto »Kasse« beispielsweise wird also durch die Buchung

SBK an Kasse

abgeschlossen, das Passivkonto »Verbindlichkeiten« durch die Buchung

Verbindlichkeiten an SBK

Durch die Gegenbuchung mit dem Schlussbilanzkonto werden die Bestandskonten zum Ausgleich gebracht. Da die Salden die Endbestände der Bestandskonten darstellen, findet folglich auf dem Schlussbilanzkonto eine Sammlung aller Endbestände statt.

Das Schlussbilanzkonto ist verglichen mit der Schlussbilanz nicht seitenverkehrt. Vermögen und Kapital werden im Schlussbilanzkonto auf der jeweils gleichen Seite ausgewiesen wie in der Schlussbilanz. Unterschiede bestehen allerdings wieder insofern, als

- die Schlussbilanz mit Aktiva und Passiva überschrieben ist, das Schlussbilanzkonto mit Soll und Haben,
- in der Schlussbilanz die Gliederungsvorschriften des HGB zu beachten sind, während sich die Gliederungstiefe des Schlussbilanzkontos aus der Anzahl der während des Geschäftsjahres verwendeten Bestandskonten ergibt.

Die Schlussbilanz leitet sich aus dem Schlussbilanzkonto ab, indem die im Schlussbilanzkonto gesammelten Endbestände unter Berücksichtigung der Gliederungsvorschriften des HGB in die Schlussbilanz übernommen werden. Falls für eine Bilanzposition im Rahmen der Zerlegung der Eröffnungsbilanz mehrere Bestandskonten gebildet wurden, sind diese für die Schlussbilanz wieder entsprechend zusammenzufassen.

In nachstehender Abbildung ist dargestellt, wie das Eröffnungsbilanz- und das Schlussbilanzkonto in das Kontensystem zu integrieren sind. Die Abbildung soll darüber hinaus noch einmal kurz den Gesamtzusammenhang der bisher besprochenen Konten und die während eines Geschäftsjahres in der Buchführung durchzuführenden Schritte darlegen. Von oben nach unten ist die Abbildung wie folgt zu »lesen«.

Gesamtzusammenhang der bisher besprochenen Konten

1. Zu Beginn des Geschäftsjahres ist die Eröffnungsbilanz aufzustellen. Sie wird ohne zahlenmäßige Änderung aus der Schlussbilanz des Vorjahres abgeleitet.
2. Über das Eröffnungsbilanzkonto werden die Anfangsbestände in die aktiven und passiven Bestandskonten übertragen.
3. Während des Geschäftsjahres werden die Geschäftsvorfälle über die Aktiv- und Passivkonten gebucht.
4. Am Ende des Geschäftsjahres werden die Endbestände der Aktiv- und Passivkonten auf das Schlussbilanzkonto übertragen.
5. Aus dem Schlussbilanzkonto wird die Schlussbilanz abgeleitet. Sie wiederum ist Ausgangspunkt für die Eröffnungsbilanz des nächsten Geschäftsjahres.

Verwendung des Eröffnungs- und des Schlussbilanzkontos im Kontensystem

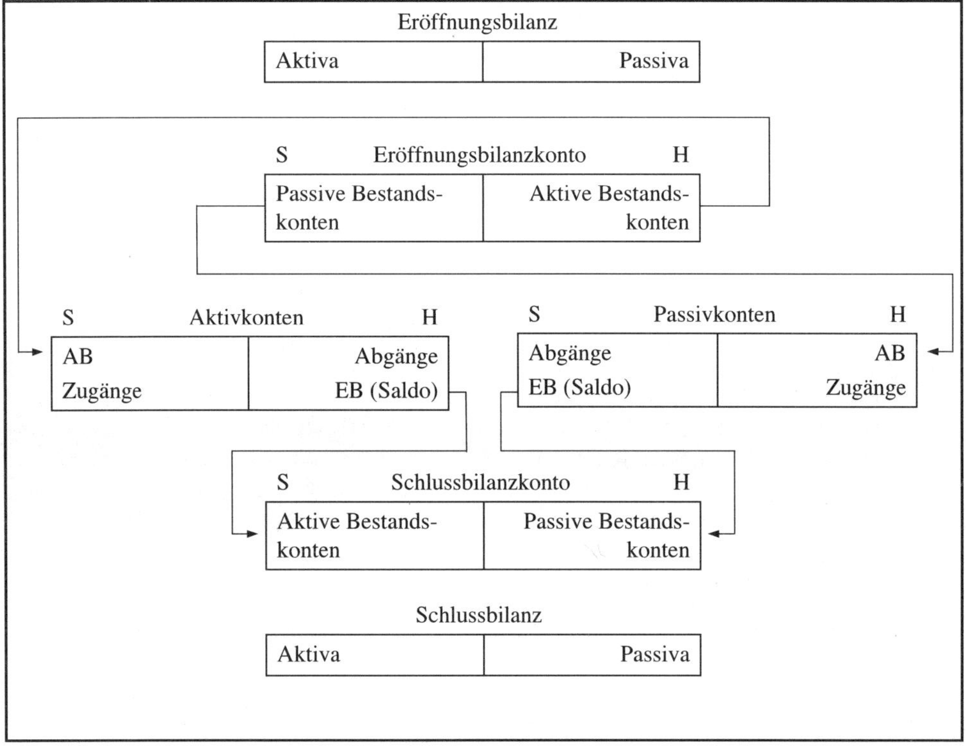

4.4 Das Eigenkapitalkonto

Das Eigenkapitalkonto ist für den Kaufmann ein Konto von besonderer Bedeutung, weil es Auskunft gibt über das von ihm unbefristet zur Verfügung gestellte Kapital und dessen Entwicklung. Wie sich zeigen wird, nimmt das Eigenkapitalkonto auch buchungstechnisch eine hervorgehobene Stellung im System der doppelten Buchführung ein.

Ursachen für Veränderungen des Eigenkapitals

Im Eigenkapitalkonto werden Veränderungen des Eigenkapitals erfasst. Diese Veränderungen können auf zwei grundsätzlich unterschiedliche Arten erfolgen, zum einen durch Erträge und Aufwendungen aus der unternehmerischen Tätigkeit, zum anderen durch Privateinlagen und Privatentnahmen des Kaufmanns.

- Erträge und Aufwendungen aus der unternehmerischen Tätigkeit

Erträge

Ein Ertrag stellt einen in Geld bewerteten Wertezugang einer Periode dar. Resultiert aus einem Geschäftsvorfalls ein Ertrag, erhöht dieser das Eigenkapital des Kaufmanns. Buchungstechnisch sind Erträge als Zugänge des Passivkontos Eigenkapital anzusehen und daher auf der Habenseite des Eigenkapitalkontos zu verbuchen. Typische Erträge im Unternehmen sind z.B. Umsatzerlöse, erhaltene Mietzahlungen, Zinserträge aus Bankguthaben und Provisionszahlungen an das Unternehmen.

Der Begriff »Aufwand« kennzeichnet einen in Geld bewerteten Werteverzehr einer Periode. Aus Geschäftsvorfällen resultierende Aufwendungen vermindern das Eigenkapital des Kaufmanns. Sie stellen buchungstechnisch Abgänge des Passivkontos Eigenkapital dar und werden folglich auf der Sollseite des Eigenkapitalkontos eingetragen. Typische Aufwendungen im Unternehmen sind z. B. Löhne, Gehälter, gezahlte Zinsen, Miete für die Geschäftsräume, Verwaltungsaufwendungen.

Aufwendungen

Zum Bilanzstichtag sind alle Erträge und Aufwendungen des Geschäftsjahres einander gegenüberzustellen. Die Differenz aus der Summe der Erträge und der Summe der Aufwendungen stellt den Unternehmenserfolg dar. Falls die Summe der Erträge die Summe der Aufwendungen übersteigt, liegt ein Gewinn vor, im umgekehrten Fall ein Verlust.

Unternehmenserfolg

- Privatentnahmen und Privateinlagen des Kaufmanns.

Hierbei handelt es sich um Veränderungen des Eigenkapitals, die nichts mit der eigentlichen Geschäftstätigkeit des Unternehmens zu tun haben.

Privatentnahmen liegen vor, wenn der Kaufmann Vermögen des Unternehmens in sein Privatvermögen überführt. Die Entnahme von Bargeld durch den Unternehmer für private Zwecke ist ein typisches Beispiel für eine Privatentnahme.

Privatentnahmen

Überführt der Kaufmann Privatvermögen in das Vermögen des Unternehmens, so spricht man von Privateinlagen. Eine Privateinlage liegt z.B. vor, wenn der Unternehmer ein bisher privat genutztes Fahrzeug als Firmenfahrzeug in das Unternehmen einbringt.

Privateinlagen

Privatentnahmen und -einlagen können und dürfen keine Berücksichtigung bei der Ermittlung des Unternehmenserfolgs finden. Der Unternehmenserfolg als Grundlage der Gewinnausschüttung und der Steuerbemessung darf nicht beliebig durch private Entnahmen und Einlagen von Eigenkapital veränderbar sein.

Keine Berücksichtigung bei der Ermittlung des Unternehmenserfolgs

Der Inhalt des Eigenkapitalkontos wird durch folgende Abbildung verdeutlicht.

<table>
<tr><th>Soll</th><th colspan="2">Eigenkapital</th><th>Haben</th></tr>
<tr><td rowspan="2">Abgänge in Form von:</td><td>Aufwendungen</td><td colspan="2">Anfangsbestand</td></tr>
<tr><td>Privat-entnahmen</td><td rowspan="2">Zugänge in Form von:</td><td>Erträgen</td></tr>
<tr><td colspan="2">Endbestand (Saldo)</td><td>Privateinlagen</td></tr>
</table>

Während entsprechend der Regelungen für passive Bestandskonten auf der Habenseite des Eigenkapitalkontos der Anfangsbestand und die Zugänge in Form von Erträgen und Privateinlagen erfasst werden, befinden sich auf der Sollseite die Abgänge in Form von Aufwendungen und Privatentnahmen sowie der sich als Saldo ergebende Endbestand.

Unterkonten des Eigenkapitalkontos

Gewinn- und Verlustkonto (GuV-Konto)

Privatkonto

Geschäftsvorfälle, die sich während des Geschäftsjahres ereignen, werden jedoch nicht direkt auf dem Eigenkapitalkonto verbucht. Die weiter oben bereits erläuterte notwendige Unterscheidung zwischen betrieblich und privat bedingten Eigenkapitalveränderungen wird in der Finanzbuchhaltung durch zwei Unterkonten des Eigenkapitalkontos gewährleistet. Aus der Unternehmenstätigkeit resultierende Veränderungen des Eigenkapitals werden ausschließlich im Gewinn- und Verlustkonto (GuV-Konto) erfasst, während privat veranlasste Veränderungen des Eigenkapitals über das Privatkonto gebucht werden. Auf diese Weise erfolgt während des Geschäftsjahres eine strikte buchmäßige Trennung zwischen Aufwendungen und Erträgen einerseits und Privatentnahmen und -einlagen andererseits, die erst zum Bilanzstichtag wieder aufgehoben wird, wenn die Salden der beiden Unterkonten zur Bestimmung des Eigenkapitalendbestandes in das Eigenkapitalkonto übernommen werden.

Buchungsprinzipien des Passivkontos Eigenkapital auch im GuV-Konto und im Privatkonto

Da die beiden Unterkonten unmittelbar aus dem Eigenkapitalkonto abgeleitet werden, also gewissermaßen durch eine Zerlegung des Eigenkapitalkontos entstehen, bleiben die Buchungsprinzipien des Passivkontos Eigenkapitals bezüglich Soll und Haben auch im GuV-Konto und im Privatkonto erhalten. Wie entsprechende Geschäftsvorfälle im GuV-Konto und im Privatkonto im Detail zu erfassen sind, wird nach dem folgenden Abschnitt vorgestellt. Zunächst soll jedoch auf ein weiteres wichtiges Kriterium zur Unterscheidung von Geschäftsvorfällen eingegangen werden, das im Zusammenhang mit Veränderungen des Eigenkapitals steht.

Erfolgswirksame und erfolgsneutrale Geschäftsvorfälle

Hinsichtlich der Auswirkungen auf den Unternehmenserfolg sind grundsätzlich zwei Arten von Geschäftsvorfällen zu unterscheiden, die erfolgswirksamen und die erfolgsneutralen Geschäftsvorfälle.

- Erfolgswirksame Geschäftsvorfälle

Alle Geschäftsvorfälle, die eine Auswirkung auf den Erfolg eines Unternehmens haben, nennt man erfolgswirksame Geschäftsvorfälle. Charakteristisch für diese ist, dass sie stets zu Aufwendungen oder Erträgen führen und folglich im GuV-Konto zu erfassen sind.

Auswirkung auf den Erfolg eines Unternehmens

- Erfolgsneutrale Geschäftsvorfälle

Erfolgsneutrale Geschäftsvorfälle haben keine Auswirkung auf den Unternehmenserfolg.

Keine Auswirkung auf den Unternehmens-erfolg

- Da Privatentnahmen und -einlagen zwar das Eigenkapital, nicht aber den Unternehmenserfolg beeinflussen, sind sie als erfolgsneutrale Geschäftsvorfälle anzusehen.
- Daneben sind aber auch solche geschäftliche Aktivitäten erfolgsneutral, die zwar Auswirkungen auf die Struktur und/oder die Höhe des Vermögens und/oder der Schulden haben, nicht aber den Bestand des Eigenkapitals verändern. Ein Beispiel hierfür ist der Kauf eines Gegenstandes der Geschäftsausstattung gegen Barzahlung von 500,–. Die Vermögensstruktur hat sich geändert, da der Wert der Geschäftsausstattung um 500,– angestiegen ist, während sich gleichzeitig der Bargeldbestand um 500,– vermindert hat. Das Konto Eigenkapital hingegen ist durch den Geschäftsvorfall nicht betroffen.

4.5 Das Gewinn- und Verlustkonto

Erfolgswirksame Geschäftsvorfälle sind über das GuV-Konto zu erfassen. Als Unterkonto des Eigenkapitalkontos folgt das GuV-Konto dem Kontenformalismus des Eigenkapitalkontos. Deshalb werden Erträge, die eine Erhöhung des Eigenkapitals zur Folge haben, auf der Habenseite und Aufwendungen, die zu einer Verminderung des Eigenkapitals führen, auf der Sollseite erfasst.

Erfolgswirksame Geschäftsvorfälle sind über das GuV-Konto zu erfassen.

Allerdings ist es nicht üblich, die Geschäftsvorfälle während des Geschäftsjahres direkt auf dem GuV-Konto zu verbuchen. Aus Gründen der Übersichtlichkeit wird für jede Aufwandsart ein eigenes Aufwandskonto und für jede Ertragsart ein eigenes Ertragskonto gebildet. Die Zerlegung des GuV-Kontos in einzelne Aufwands- und Ertragskonten ermöglicht darüber hinaus eine aussagefähigere Analyse der Bestimmungsfaktoren des Unternehmenserfolgs.

Zerlegung des GuV-Kontos in einzelne Aufwands- und Ertragskonten

Erfolgskonten

Kontenformalismus des Eigenkapitalkontos

Die einzelnen Auftrags- und Ertragskonten werden im System der doppelten Buchführung folgerichtig als Erfolgskonten bezeichnet. Weil sie Unterkonten des GuV-Kontos darstellen, und dieses wiederum ein Unterkonto des Eigenkapitalkontos ist, unterliegen die Erfolgskonten ebenfalls dem Kontenformalismus des Eigenkapitalkontos.

Zunächst wird der Inhalt eines Aufwandskontos betrachtet.

Aufwandskonto

Soll	Haben
Aufwendungen	Aufwandsminderungen
	Saldo

(Soll — Aufwandskonto — Haben)

Da die Buchungen auf den Erfolgskonten nach den gleichen Regeln zu erfolgen haben wie die direkten Buchungen auf dem Eigenkapitalkonto und Aufwendungen zu einer Verminderung des Eigenkapitals führen, sind demnach Aufwendungen im Aufwandskonto auf der Sollseite zu erfassen. An folgendem Beispiel soll der entsprechende Buchungssatz verdeutlicht werden.

Beispiel: Das Fachgeschäft für Briefmarken und Münzen Schwan begleicht die Ladenmiete für den Monat März durch Banküberweisung.

Buchungssatz:

Mietaufwand *an* *Bank* *1.500,–*

Durch den Geschäftsvorfall betroffen sind das Aufwandskonto »Mietaufwand« und das Aktivkonto »Bank«. Im Aktivkonto »Bank« ist der Abgang von 1.500,– auf der Habenseite zu verbuchen. Das Erfolgskonto »Mietaufwand« ist als Unterkonto des Passivkontos »Eigenkapital« buchungstechnisch genauso zu behandeln wie dieses. Der Betrag von 1.500,– ist folglich auf der Sollseite des Kontos »Mietaufwand« einzutragen, da er zu einer Verringerung des Eigenkapitals führt.

Ertragskonto

Der Inhalt eines Ertragskontos stellt sich wie folgt dar:

(Soll — Ertragskonto — Haben)

Soll	Haben
Ertragsminderungen	Erträge
Saldo	

Wieder ist der Kontenformalismus des Eigenkapitalkontos einzuhalten. Erträge sind folglich im Ertragskonto auf der Habenseite einzutragen, da sie zu einer Erhöhung des Eigenkapitals führen. Zur Verdeutlichung des entsprechenden Buchungssatzes diene wieder ein Beispiel:

Beispiel: Der Fischhändler Scheer erhält auf dem Bankkonto Zinsen in Höhe von 300,– gutgeschrieben.

Buchungssatz:

Bank an Zinserträge 300,–

Der Geschäftsvorfall berührt das Ertragskonto »Zinsertrag« und das Aktivkonto »Bank«. Im Aktivkonto »Bank« ist der Zugang von 300,– auf der Sollseite zu verbuchen. Das Erfolgskonto »Zinsertrag« ist als Unterkonto des Passivkontos »Eigenkapital« buchungstechnisch genau so zu behandeln wie dieses. Da der Betrag von 300,– zu einer Erhöhung des Eigenkapitals führt, ist er auf der Habenseite des Kontos »Zinsertrag« einzutragen.

Während des Geschäftsjahres kann es auch zu Aufwands- bzw. Ertragsminderungen kommen (z. B. Erstattung von zuviel gezahlter oder zuviel erhaltener Miete). Diese Minderungen werden jeweils auf den den Aufwendungen bzw. Erträgen gegenüberliegenden Kontenseiten eingestellt.

Zum Bilanzstichtag sind die verschiedenen Erfolgskonten über das GuV-Konto abzuschließen, d. h. die Salden der Aufwands- und Ertragskonten sind auf das GuV-Konto zu übertragen.

Erfolgskonten sind über das GuV-Konto abzuschließen.

Aufwandskonten werden mit dem Buchungssatz

GuV-Konto an Aufwandskonto

und Ertragskonten mit dem Buchungssatz

Ertragskonto an GuV-Konto

abgeschlossen.

Diese Abschlussbuchungssätze führen dazu, dass die Seiten der Erfolgskonten zum Ausgleich kommen. In den Aufwandskonten entsteht ein Sollsaldo (die Aufwendungen übersteigen die Aufwandsminderungen), der auf die Sollseite des GuV-Kontos übertragen wird. Der in den Ertragskonten erscheinende Habensaldo (die Erträge übersteigen die Ertragsminderungen) wird auf die Habenseite des GuV-Kontos übernommen.

Nach Abschluss aller Erfolgskonten stehen sich im GuV-Konto die Aufwendungen und Erträge des Geschäftsjahres gegenüber. Der Saldo aus der Summe der Erträge und der Summe der Aufwendungen gibt den Unternehmenserfolg der Periode an:

Unternehmenserfolg	=	Summe der Erträge	-	Summe der Aufwendungen

Im Falle eines Habensaldo (Summe der Erträge > Summe der Aufwendungen) hat das Unternehmen Gewinn erwirtschaftet. Ergibt sich aus der Gegenüberstellung ein Sollsaldo (Summe der Erträge < Summe der Aufwendungen), liegt ein Verlust vor.

GuV-Konto bei Gewinn- bzw. Verlustsituation

In den folgenden beiden Abbildungen ist das GuV-Konto bei Gewinn- bzw. Verlustsituation dargestellt:

GuV-Konto bei Gewinnsituation:

Soll — Gewinn- und Verlustkonto — Haben

Salden aller Aufwandskonten	Salden aller Ertragskonten
Gewinn (Saldo)	

GuV-Konto bei Verlustsituation:

Soll — Gewinn- und Verlustkonto — Haben

Salden aller Aufwandskonten	Salden aller Ertragskonten
	Verlust (Saldo)

Da das GuV-Konto ein Unterkonto des Eigenkapitalkontos ist, wird es auch über dieses abgeschlossen, d. h. der Saldo des GuV-Kontos wird auf das Eigenkapitalkonto übertragen. Weist das GuV-Konto einen Gewinn (Habensaldo) aus, ist dieser als Zugang des Passivkontos »Eigenkapital« auf der Habenseite des Eigenkapitalkontos einzutragen. Der Buchungssatz für die Gewinnsituation lautet damit:

GuV-Konto an Eigenkapital

Hat sich aus der Gegenüberstellung von Erträgen und Aufwendungen im GuV-Konto ein Verlust (Sollsaldo) ergeben, ist dieser als Abgang des Passivkontos »Eigenkapital« auf der Sollseite zu verbuchen. In diesem Fall lautet der Buchungssatz zum Abschluss des GuV-Kontos:

Eigenkapital an GuV-Konto

In nachstehenden beiden Abbildungen ist noch einmal grafisch dargestellt, wie der Abschluss von Erfolgskonten in einer Gewinn- und in einer Verlustsituation durchzuführen ist. Folgende Schrittfolge ist dabei buchungstechnisch zu beachten:

1. Zum Bilanzstichtag sind zunächst die Salden der Aufwands- und Ertragskonten auf das GuV-Konto zu übertragen.
2. In einem zweiten Schritt wird dann der aus der Gegenüberstellung von Erträgen und Aufwendungen resultierende Saldo des GuV-Kontos auf das Eigenkapitalkonto gebucht.
   a) Im Falle einer Gewinnsituation (Summe der Erträge > Summe der Aufwendungen) wird der Saldo des GuV-Kontos auf die Habenseite des Eigenkapitalkontos übertragen (= Vermehrung des Eigenkapitals).
   b) Im Falle einer Verlustsituation (Summe der Erträge < Summe der Aufwendungen) erfolgt die Übertragung des Saldos des GuV-Kontos auf die Sollseite des Eigenkapitalkontos (= Verminderung des Eigenkapitals).

Abschluss der Erfolgskonten bei Gewinnsituation

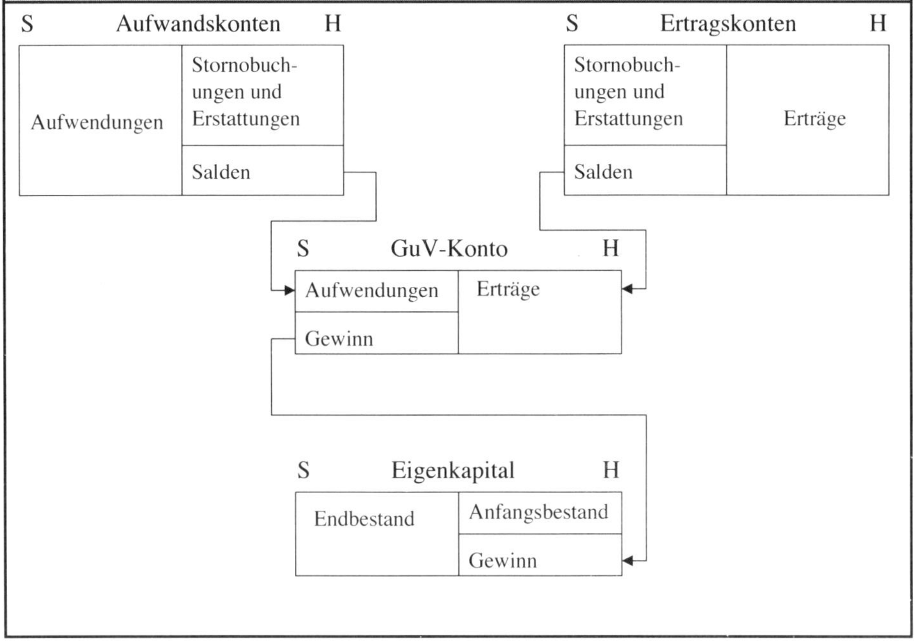

Abschluss der Erfolgskonten bei Verlustsituation

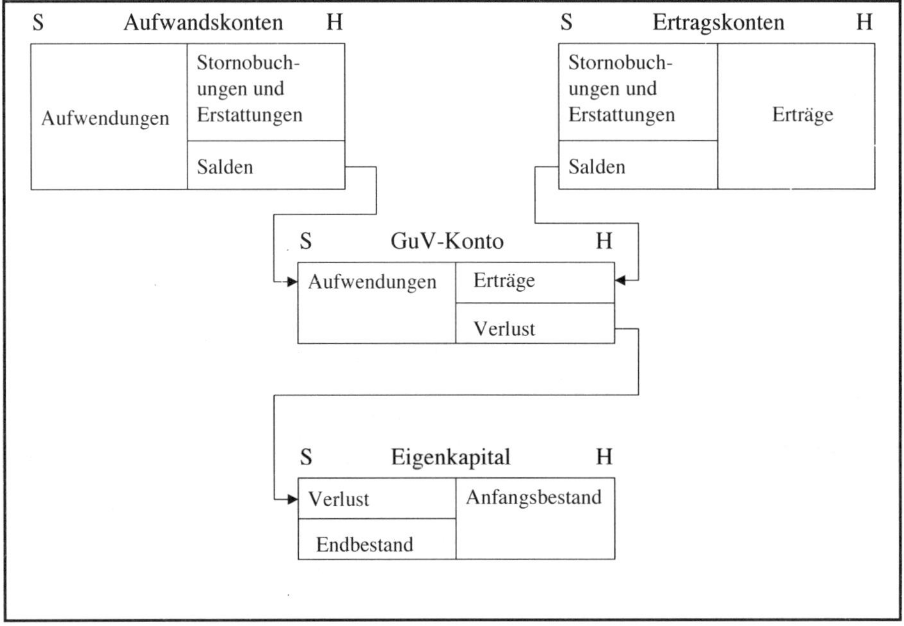

4.6 Vom Gewinn- und Verlustkonto zur Gewinn- und Verlustrechnung

Gewinn- und Verlustrechnung Bestandteil des Jahresabschlusses

Neben der Bilanz ist auch die so genannte Gewinn- und Verlustrechung Bestandteil des von Unternehmen am Periodenende aufzustellenden Jahresabschlusses. In der Gewinn- und Verlustrechnung werden gemäß § 242 Abs. 2 HGB die verschiedenen Ertrags- und Aufwandskomponenten, aus denen sich der Jahreserfolg eines Unternehmens zusammensetzt, aufgeführt.

Die Gewinn- und Verlustrechnung ist vom bisher besprochenen GuV-Konto zu unterscheiden. Während das GuV-Konto ein wichtiges Element im System der doppelten Buchführung darstellt, steht die Gewinn- und Verlustrechung als Bestandteil des Jahresabschlusses außerhalb dieses Systems.

GuV-Konto Grundlage der GuV-Rechnung

Allerdings stellen die Informationen, die das GuV-Konto beinhaltet, die Grundlage für die Erstellung der GuV-Rechnung dar. Das GuV-Konto und die Gewinn- und Verlustrechnung unterscheiden sich damit nicht hinsichtlich ihres Inhalts, sondern in Bezug auf ihre formale Struktur. Während die Gliederung des GuV-Kontos sich alleine an betrieblichen Belangen orientiert, sind bei der Gliederung der Gewinn- und Verlustrechnung die gesetzlichen Vorgaben des HGB einzuhalten. Ein weiterer Unterschied besteht darin, dass das GuV-Konto in Kontenform aufzustellen ist, die Gewinn- und Verlustrechnung hingegen in Staffelform.

Für Personenhandelsgesellschaften und Einzelkaufleute gibt es keine spezifischen gesetzlichen Vorschriften zur Gliederung der Gewinn- und Verlustrechnung. Sie haben lediglich die Grundsätze ordnungsmäßiger Buchführung zu beachten, insbesondere den Grundsatz der Klarheit und Übersichtlichkeit (§ 243 Abs. 2 HGB) sowie das Verrechnungsverbot (§ 246 Abs. 2 HGB), wonach Aufwendungen nicht mit Erträgen verrechnet werden dürfen.

Gesamtkosten- und Umsatzkostenverfahren (§ 275 HGB)

Für Kapitalgesellschaften sieht das HGB mit dem Gesamtkosten- und dem Umsatzkostenverfahren wahlweise zwei Gliederungsschemata vor (§ 275 HGB). Während beim Umsatzkostenverfahren den Umsatzerlösen der Periode nur die auf die Umsatzerlöse entfallenden Aufwendungen gegenübergestellt werden, werden beim Gesamtkostenverfahren sämtliche Erträge (also auch Bestandsveränderungen an fertigen und unfertigen Erzeugnissen) mit allen Aufwendungen der Periode verglichen.

Die Gliederungsschemata der Gewinn- und Verlustrechnung nach dem Gesamtkosten- und nach dem Umsatzkostenverfahren sind in folgender Tabelle dargestellt:

Gesamtkostenverfahren	**Umsatzkostenverfahren**
1. Umsatzerlöse	1. Umsatzerlöse
2. Erhöhung oder Verminderung des Bestandes an fertigen und unfertigen Erzeugnissen	2. Herstellungskosten der zur Erzielung der Umsatzerlöse erbrachten Leistungen
3. andere aktivierte Eigenleistungen	3. Bruttoergebnis vom Umsatz
4. sonstige betriebliche Erträge	4. Vertriebskosten
5. Materialaufwand	5. allgemeine Verwaltungskosten
a) Aufwendungen für Roh-, Hilfs-, und Betriebsstoffe und für bezogene Waren	6. sonstige betriebliche Erträge
b) Aufwendungen für bezogene Leistungen	7. sonstige betrieblichen Aufwendungen
6. Personalaufwand	8. Erträge aus Beteiligungen, davon aus verbundenen Unternehmen
7. Abschreibungen	9. Erträge aus anderen Wertpapieren und Ausleihungen des Finanzanlagevermögens, davon aus verbundenen Unternehmen
a) auf immaterielle Vermögensgegenstände des Anlagevermögens und Sachanlagen sowie auf aktivierte Aufwendungen für die Ingangsetzung und Erweiterung des Geschäftsbetriebs	10. sonstige Zinsen und ähnliche Erträge
	11. Abschreibungen auf Finanzanlagen und auf Wertpapiere des Umlaufvermögens
b) auf Vermögensgegenstände des Umlaufvermögens, soweit diese die in der Kapitalgesellschaft üblichen Abschreibungen überschreiten	12. Zinsen und ähnliche Aufwendungen, davon an verbundene Unternehmen
	13. Ergebnis der gewöhnlichen Geschäftstätigkeit
8. sonstige betriebliche Aufwendungen	14. außerordentliche Erträge
9. Erträge aus Beteiligungen, davon aus verbundenen Unternehmen	15. außerordentliche Aufwendungen
	16. außerordentliches Ergebnis
10. Erträge aus anderen Wertpapieren und Ausleihungen des Finanzanlagevermögens, davon aus verbundenen Unternehmen	17. Steuern vom Einkommen und vom Ertrag
	18. sonstige Steuern
11. sonstige Zinsen und ähnliche Erträge, davon aus verbundenen Unternehmen	19. Jahresüberschuss/Jahresfehlbetrag
12. Abschreibungen aus Finanzanlagen und auf Wertpapiere des Umlaufvermögens	
13. Zinsen und ähnliche Aufwendungen, davon an verbundene Unternehmen	
14. Ergebnis der gewöhnlichen Geschäftstätigkeit	
15. außerordentliche Erträge	
16. außerordentliche Aufwendungen	
17. außerordentliches Ergebnis	
18. Steuern vom Einkommen und vom Ertrag	
19. sonstige Steuern	
20. Jahresüberschuss/Jahresfehlbetrag	

4.7 Das Privatkonto

Im Privatkonto werden privat veranlasste Eigenkapitalerhöhungen und -verminderungen verbucht. Da das Privatkonto als Unterkonto des Eigenkapitalkontos buchungstechnisch wie das Eigenkapitalkonto zu behandeln ist, werden Privateinlagen, die zu einer Erhöhung des Eigenkapitals führen, im Haben und Privatentnahmen, die mit einer Verminderung des Eigenkapitals einhergehen, im Soll gebucht. Die Verbuchung der Privateinlagen und -entnahmen geschieht erfolgsneutral, hat also keinen Einfluss auf den Unternehmenserfolg. Wie Privateinlagen und -entnahmen buchhalterisch behandelt werden, soll an zwei Beispielen aufgezeigt werden:

Privat veranlasste Eigenkapitalerhöhungen und -verminderungen

Kein Einfluss auf den Unternehmenserfolg

Beispiel für eine Privateinlage:

Der Unternehmer Held bringt 1.500,– bar in sein Unternehmen ein.

Kasse an Privatkonto 1.500,–

Der Kassenbestand erhöht sich im Beispiel um 1.500,–. Auf dem Aktivkonto Kasse muss also im Soll gebucht werden. Durch die Privateinlage hat sich das Eigenkapital des Unternehmens um 1.500,– erhöht. Erhöhungen finden beim Passivkonto Eigenkapital im Haben statt. Da das Privatkonto ein Unterkonto des Eigenkapitalkontos ist, muss auch bei diesem auf der Habenseite gebucht werden.

Beispiel für eine Privatentnahme:

Der Unternehmer Schön entnimmt Waren zu einem Wert von 700,– aus dem Lager für private Zwecke.

Privatkonto an Waren 700,–

Da sich durch die Entnahme der Warenbestand im Beispiel um 700,– verringert, muss auf dem Aktivkonto Waren im Haben gebucht werden. Das Eigenkapital des Unternehmens hat sich durch die Privatentnahme ebenfalls um 700,– vermindert. Verminderungen finden beim Passivkonto Eigenkapital im Soll statt. Da das Privatkonto ein Unterkonto des Eigenkapitalkontos ist, ist auch bei diesem auf der Sollseite zu buchen.

Als Unterkonto des Eigenkapitalkontos ist das Privatkonto am Ende des Geschäftsjahres auf das Eigenkapitalkonto abzuschließen, d. h. der Saldo des Privatkontos ist mit einer Abschlussbuchung auf das Eigenkapitalkonto zu übertragen.

Privatkonto ist auf das Eigenkapitalkonto abzuschließen.

Einlagenüberschuss

Für den Fall, dass zum Ende des Geschäftsjahres ein Einlagenüberschuss vorliegt (Privateinlagen > Privatentnahmen), lautet die Abschlussbuchung für das Privatkonto:

Privatkonto an Eigenkapital

Bei einem Einlagenüberschuss entsteht der Saldo im Soll des Privatkontos. Da der Einlagenüberschuss wiederum zu einer Erhöhung des Eigenkapitals führt, muss das Konto Eigenkapital in diesem Fall im Haben stehen. Die Struktur des Buchungssatzes wird an folgender Abbildung deutlich:

Abschluss des Privatkontos bei Einlagenüberschuss

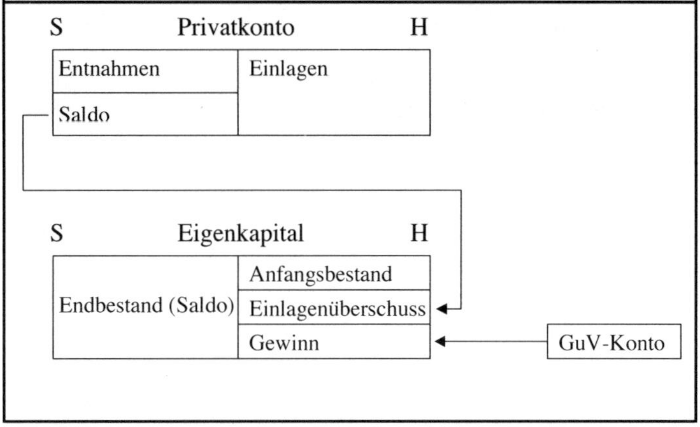

Wird zum Ende des Geschäftsjahres ein Entnahmeüberschuss festgestellt (Privatentnahmen > Privateinlagen), ist wie folgt zu buchen:

Eigenkapital an Privatkonto

Entnahmeüberschuss

Im Falle eines Entnahmeüberschusses befindet sich der Saldo im Haben des Privatkontos. Das Konto Eigenkapital steht im Soll, weil der Entnahmeüberschuss eine Verminderung des Eigenkapitals bedeutet. Zur Verdeutlichung des Buchungssatzes dient folgende Abbildung:

Abschluss des Privatkontos bei Entnahmeüberschuss

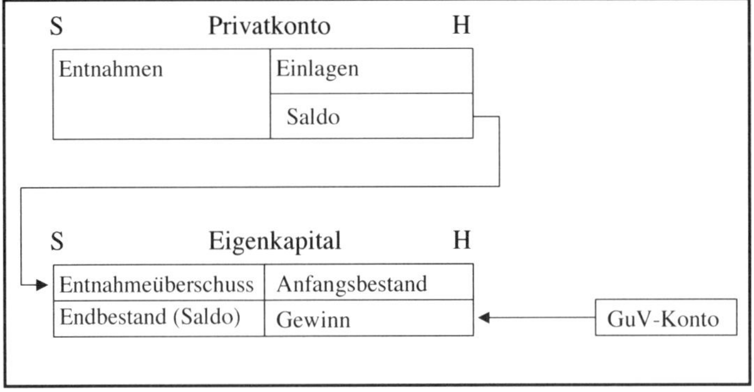

4.8 Das Kontensystem der doppelten Buchführung in der Zusammenfassung

Nachstehende Abbildung zeigt das Kontensystem der doppelten Buchführung in seiner Gesamtheit (die Eröffnungsbilanz und die Schlussbilanz, die nicht zum Kontensystem der doppelten Buchführung gehören, werden aus Platzgründen nicht in der Abbildung erfasst). Im Laufe eines Geschäftsjahres sind von der Buchführung gemäß dieser Abbildung im Einzelnen folgende Schritte zu beachten:

1. Das Eröffnungsbilanzkonto wird zu Beginn des Geschäftsjahres aus der Eröffnungsbilanz abgeleitet.
2. Über das Eröffnungsbilanzkonto werden die Anfangsbestände in die aktiven und passiven Bestandskonten übertragen.
3. Aus dem Passivkonto »Eigenkapital« werden das GuV-Konto und das Privatkonto abgeleitet.
4. Das GuV-Konto wird sodann in einzelne Aufwands- und Ertragskonten zerlegt.
5. Während des Geschäftsjahres werden die Geschäftsvorfälle über die Konten »der untersten Ebene« gebucht, d. h. über die verschiedenen Aktiv- und Passivkonten (außer Eigenkapitalkonto), über die verschiedenen Aufwands- und Ertragskonten sowie über das Privatkonto.
6. Am Ende des Geschäftsjahres werden zunächst die verschiedenen Aufwands- und Ertragskonten abgeschlossen, indem deren Salden auf das GuV-Konto übertragen werden.
7. Das GuV-Konto und das Privatkonto werden auf das Eigenkapitalkonto abgeschlossen.

8. Alle Aktiv- und Passivkonten werden auf das Schlussbilanzkonto abgeschlossen.
9. Aus dem Schlussbilanzkonto wird schließlich die Schlussbilanz abgeleitet, die wiederum den Ausgangspunkt für die Eröffnungsbilanz des nächsten Geschäftsjahres darstellt.

Kontensystem der doppelten Buchführung

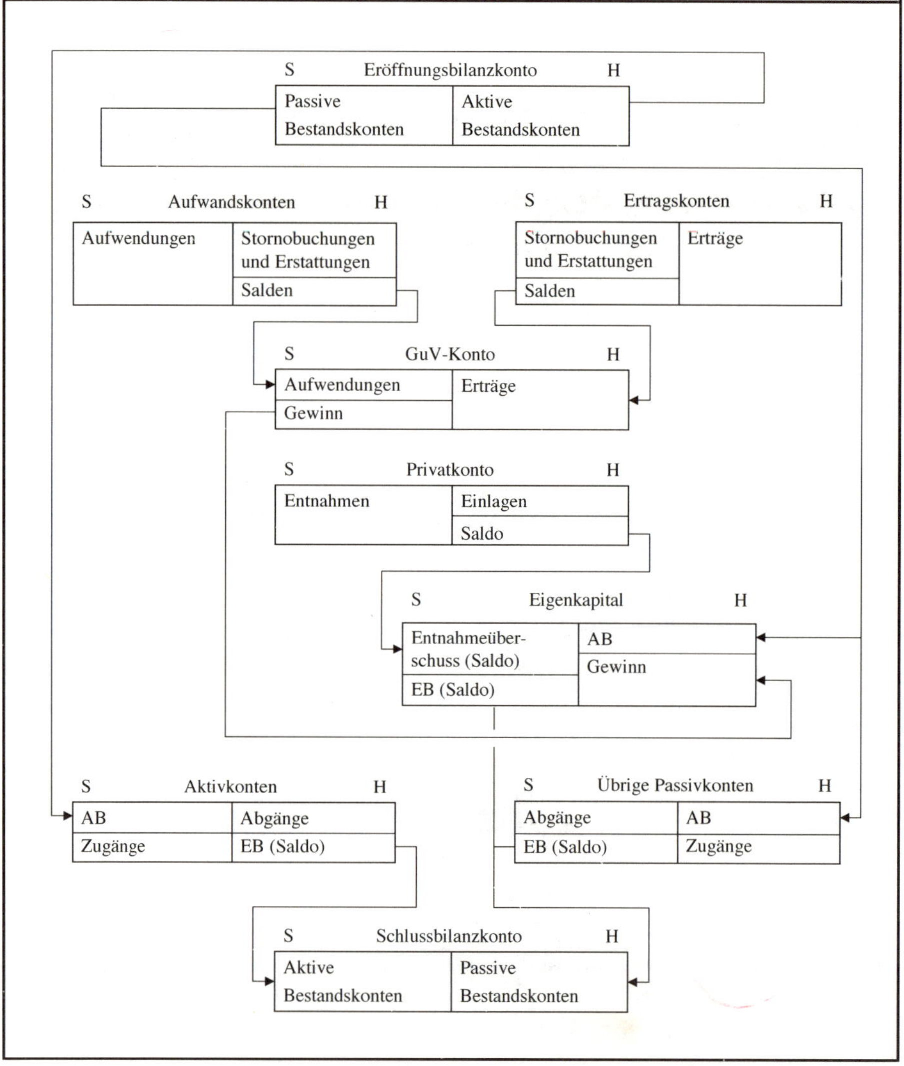

4.9 Die beiden Arten der Erfolgsermittlung

Der Erfolg einer Unternehmung kann grundsätzlich auf zwei Arten ermittelt werden:

Eine bereits beschriebene Möglichkeit der Erfolgsermittlung besteht in der direkten Gegenüberstellung der Aufwendungen und Erträge im GuV-Konto. Falls die Summe der Erträge die Summe der Aufwendungen übersteigt, liegt ein Gewinn vor, im umgekehrten Fall ein Verlust.

Gegenüberstellung der Aufwendungen und Erträge

Daneben kann der Unternehmenserfolg auch durch Eigenkapitalvergleich, also durch eine Gegenüberstellung des Eigenkapitals am Ende des Geschäftsjahres und des Eigenkapitals am Anfang des Geschäftsjahres bestimmt werden. Da sich jedoch das Eigenkapital nicht nur durch Aufwendungen und Erträge aus der unternehmerischen Tätigkeit, sondern auch durch Privatentnahmen und -einlagen verändern kann, müssen bei der Ermittlung des Unternehmenserfolgs durch Eigenkapitalvergleich privat veranlasste Veränderungen des Eigenkapitals herausgerechnet werden. Das bedeutet, dass die während des Jahres erfolgten Privatentnahmen und -einlagen aus rechnerischer Sicht gewissermaßen rückgängig gemacht werden müssen. Folglich sind Privatentnahmen zur Differenz aus Eigenkapital am Ende des Jahres und Eigenkapital am Anfang des Jahres hinzuzuzählen und Privateinlagen von dieser Differenz entsprechend abzuziehen. Die Erfolgsermittlung durch Eigenkapitalvergleich sieht demnach wie folgt aus:

Eigenkapitalvergleich

	Eigenkapital am Ende des Geschäftsjahres
-	Eigenkapital am Anfang des Geschäftsjahres
+	Wert der Privatentnahmen
-	Wert der Privateinlagen
=	Erfolg des Geschäftsjahres

4.10 Typen von Bilanzveränderungen

In diesem Abschnitt soll dargestellt werden, wie sich Geschäftsvorfälle auf die Struktur der Bilanz auswirken. Grundsätzlich werden vier Grundtypen von Bilanzveränderungen unterschieden:

Aktivtausch

Durch einen Geschäftsvorfall erhöhen sich Bilanzpositionen auf der Aktivseite, während sich andere Bilanzpositionen auf der Aktivseite um den insgesamt gleichen Betrag vermindern. Die Bilanzsumme bleibt unverändert.

Passivtausch

Beim Passivtausch erhöhen sich Bilanzpositionen auf der Passivseite. Gleichzeitig vermindern sich auf der Passivseite andere Positionen um den insgesamt gleichen Betrag. Die Bilanzsumme ändert sich durch den Geschäftsvorfall nicht.

Aktiv-Passiv-Mehrung

Bei der Aktiv-Passiv-Mehrung bewirkt der Geschäftsvorfall, dass sich Bilanzpositionen auf der Aktivseite und auf der Passivseite insgesamt um den gleichen Betrag erhöhen. Die Bilanzsumme wird folglich ebenfalls um diesen Betrag größer, was auch die alternative Bezeichnung »Bilanzverlängerung« für diesen Typ der Bilanzveränderung erklärt.

Aktiv-Passiv-Minderung

Bei dieser Art der Bilanzveränderung, die in der Literatur auch Bilanzverkürzung genannt wird, vermindern sich aufgrund des Geschäftsvorfalls Bilanzpositionen auf der Aktivseite und Passivseite um den insgesamt gleichen Betrag. Die Bilanzsumme verringert sich entsprechend in gleicher Höhe.

Diese vier Grundtypen der Bilanzveränderung sollen im Folgenden durch Beispiele verdeutlicht werden. Dabei soll auch aufgezeigt werden, wie die in diesem Abschnitt vorgenommene Einteilung von Geschäftsvorfällen mit der bereits bekannten Unterscheidung nach erfolgswirksamen und erfolgsneutralen Geschäftsvorfällen zusammenspielt. Zum besseren Verständnis der folgenden Beispiele sei an dieser Stelle außerdem betont, dass sich obige Definitionen stets auf die Veränderungen der entsprechenden Bilanzpositionen beziehen und nicht auf Veränderungen der für die Buchung verwendeten Bestands- und Erfolgskonten.

Beispiel für Aktivtausch: Kauf eines Vermögensgegenstandes der Betriebs- und Geschäftsausstattung gegen Barzahlung.

Buchungssatz:

Betriebs- und Geschäftsausstattung an Kasse

Da der Aktivtausch definitionsgemäß ausschließlich auf der Aktivseite stattfindet und damit das Eigenkapital nicht berührt werden kann, ist der Aktivtausch stets erfolgsneutral.

Beispiele für Passivtausch

Erfolgsneutraler Passivtausch: Umwandlung einer kurzfristigen Verbindlichkeit aus Lieferungen und Leistungen in ein langfristiges Darlehen.

Buchungssatz:

Verbindlichkeiten aus Lieferungen und Leistungen an Darlehen

Erfolgswirksamer Passivtausch: Eine fällige Mietzahlung wird dem Unternehmer für einen Monat gestundet (die fällige Miete muss also erst einen Monat später beglichen werden).

Buchungssatz:

Mietaufwand an Verbindlichkeiten

Ein Passivtausch liegt in diesem Beispiel deshalb vor, weil sich die Passivposition »Eigenkapital« durch den Mietaufwand vermindert und sich die Passivposition »Verbindlichkeiten« um den gleichen Betrag erhöht. Alternativ könnte direkt »Eigenkapital an Verbindlichkeiten« gebucht werden

Beispiele für Aktiv-Passiv-Mehrung

Erfolgsneutrale Aktiv-Passiv-Mehrung:

Ein Gegenstand der Betriebs- und Geschäftsaustattung wird auf Ziel gekauft.

Buchungssatz:

Betriebs- und Geschäftsausstattung an Verbindlichkeiten

Erfolgswirksame Aktiv-Passiv-Mehrung:

Zinserträge werden auf dem Bankkonto gutgeschrieben.

Buchungssatz:

Bank an Zinserträge

Dass in diesem Beispiel tatsächlich eine Aktiv-Passiv-Mehrung vorliegt, wird deutlich, wenn man den Geschäftsvorfall nicht über das Unterkonto »Zinserträge« sondern direkt über das Eigenkapitalkonto verbucht.

Beispiele für Aktiv-Passiv-Minderung:

Erfolgsneutrale Aktiv-Passiv-Minderung:

Eine bestehende Verbindlichkeit des Unternehmens wird durch Banküberweisung beglichen.

Buchungssatz:
Verbindlichkeit an Bank

Erfolgswirksame Aktiv-Passiv-Minderung:

Fällige Zinszahlungen für einen Kredit werden vom Unternehmen durch Banküberweisung beglichen.

Buchungssatz:
Zinsaufwand an Bank

In diesem Beispiel handelt es sich um eine Aktiv-Passivminderung, weil sich auf der Aktivseite die Position »Bank« und auf der Passivseite die Position »Eigenkapital« um den gleichen Betrag vermindern.

5. Die Bücher der doppelten Buchführung

In Rahmen der Buchführung werden mit dem Grundbuch, dem Hauptbuch und den Nebenbüchern drei verschiedene Arten von Büchern verwendet. Ihre Funktion sollen im Folgenden geschildert werden.

Grundbuch

Im Grundbuch sind sämtliche Geschäftsvorfälle in zeitlicher Reihenfolge einzutragen. Durch die chronologische Erfassung soll sichergestellt werden, dass die Geschäftsvorfälle lückenlos und unverlierbar im Buchungssystem festgehalten werden. Zu jedem Geschäftsvorfall sind der zu Grunde liegende Beleg (Belegnummer), das Datum, eine kurze Beschreibung des Geschäftsvorfalls, der Buchungssatz und die entsprechenden Beträge anzugeben. Als Grundbücher in Betracht kommen beispielsweise Kassenbücher, in welche die täglichen Kasseneinnahmen und -ausgaben eingetragen werden, oder Wareneingangs- und Warenausgangsbücher, in denen Wareneinkäufe und -verkäufe erfasst werden.

Hauptbuch

Während im Grundbuch Geschäftsvorfälle chronologisch erfasst werden, findet im Hauptbuch eine systematische Ordnung der Geschäftsvorfälle nach sachlichen Gesichtspunkten statt. Damit soll insbesondere die Klarheit und Übersichtlichkeit der Buchführung verbessert werden. Das Hauptbuch besteht aus allen im Unternehmen verwendeten Bestands- und Erfolgskonten und wird somit durch die verschiedenen T-Konten dargestellt.

Nebenbücher

Neben den eben dargestellten Büchern benötigt der Kaufmann Hilfsbücher, in denen spezifische Einzelsachverhalte festgehalten werden können. Diese Hilfsbücher, die in der Buchhaltung als Nebenbücher bezeichnet werden, dienen der Ergänzung der Konten des Hauptbuches. Wichtige Nebenbücher sind z. B. das Geschäftsfreundebuch (Kontokorrentbuch), in dem für jeden einzelnen Geschäftspartner die im Rahmen der Geschäftsbeziehung bestehenden Forderungen und Verbindlichkeiten aufgezeichnet werden, oder das Lohn- und Gehaltsbuch, welches für jeden Mitarbeiter die Positionen der Lohn- oder Gehaltszahlung aufschlüsselt. Die Nebenbücher stehen außerhalb des Kontensystems der doppelten Buchführung und unterliegen damit auch nicht dessen Regeln.

Selbst wenn heute die Buchführung in weit überwiegendem Maße EDV-technisch durchgeführt wird und nur noch selten manuell, spricht man dennoch im Zusammenhang mit den Erfassungspflichten von Geschäftsvorfällen weiterhin von den »Büchern der Buchführung«. Der Begriff »Bücher« ist losgelöst von der äußern Form zu sehen, in der die buchhalterischen Aufzeichnungen erfolgen. Auch die EDV-Buchführung hat damit die grundsätzliche Unterteilung in Grundbuch, Hauptbuch und Nebenbücher zu gewährleisten. EDV-Buchführungsprogramme haben diesbezüglich unter anderem den Vorteil, dass ein Geschäftsvorfall nur einmal erfasst werden muss und die Einordnung in das Grundbuch und das Hauptbuch automatisch vorgenommen wird.

6. Kontenrahmen und Kontenplan

Kontenrahmen

Um die Kontensysteme von Unternehmen vergleichbar zu machen, wurden von der betriebswirtschaftliche Forschung und von Wirtschaftsverbänden so genannte Kontenrahmen entwickelt. Unter einem Kontenrahmen versteht man eine vollständige und systematische Übersicht von Konten, die in einem Unternehmen vorkommen können. Ein derartiges »Kontengliederungsschema« soll für eine inner- und zwischenbetriebliche Vergleichbarkeit von Konten sorgen (z. B. indem den Konten einheitliche Nummern zugeordnet werden).

Allerdings bleibt es im eigenen Ermessen der Unternehmen, ob und wie weit sie sich an diesen Kontenrahmen orientieren. Die Kontenrahmen sind nicht gesetzlich vorgeschrieben, sondern haben lediglich empfehlenden Charakter.

Für einzelne Wirtschaftszweige wurden branchenspezifische Kontenrahmen konzipiert. Die wichtigsten Branchenkontenrahmen sind:

- der Industriekontenrahmen,
- der Kontenrahmen des Groß- und Einzelhandels,
- der Einzelhandelskontenrahmen,
- der DATEV-Kontenrahmen.

Kontenplan

Der Kontenrahmen liefert für das einzelne Unternehmen eine Vorlage für den so genannten Kontenplan. Der Kontenplan stellt die von einem Unternehmen tatsächlich in der Buchführung verwendeten Konten dar und leitet sich aus dem Kontenrahmen nach den betriebsindividuellen Bedürfnissen des Unternehmens ab. Das kann dazu führen, dass vom Unternehmen nicht benötigte Konten des Kontenrahmens weggelassen, dafür andere erforderliche Konten hinzugefügt werden.

7. Zusammenfassung

Die am Geschäftsjahresende zu erstellende Bilanz wird aus der Buchführung und dem Inventar abgeleitet.

Beim Inventar handelt es sich um ein Bestandsverzeichnis, das sämtliche Vermögensgegenstände und Schulden des Unternehmens einzeln nach Art, Menge und Wert zum Bilanzstichtag erfasst.

Die Bilanz ist die Gegenüberstellung von Vermögensquellen (Mittelherkunft) und Vermögenswerten (also Mittelverwendung) zum Bilanzstichtag.

Aufgabe der Buchführung ist es, die ständigen, durch Geschäftsvorfälle hervorgerufenen Veränderungen der Bilanzpositionen während des Geschäftsjahres zu erfassen. Die Eröffnungsbilanz wird zu Beginn des Geschäftsjahres in Bestandskonten zerlegt und die Geschäftsvorfälle auf diesen Konten verbucht. Erst am Ende des Geschäftsjahres erfolgt wieder eine Zusammenfassung der Bestandskonten zur Schlussbilanz.

Unter einer Buchung wird die Eintragung eines Geschäftsvorfalls auf die jeweils beteiligten Konten verstanden. Jeder Geschäftsvorfall ist im System der doppelten Buchführung auf mindestens zwei Konten zu verbuchen.

Eine besondere Stellung im Rahmen des Kontensystems nimmt das Eigenkapitalkonto ein, da es Ausgangspunkt für eine Reihe weiterer Unterkonten ist. Aus dem Eigenkapitalkonto werden zunächst das Privatkonto und das Gewinn- und Verlustkonto abgeleitet. Während auf dem Privatkonto Privateinlagen und -entnahmen verbucht werden, dient das GuV-Konto der Erfassung von Geschäftsvorfällen, die Auswirkungen auf den Unternehmenserfolg haben (= erfolgswirksame Geschäftsvorfälle). Aus Gründen der Übersichtlichkeit wird das GuV-Konto weiter zerlegt, d. h. für jede Aufwandsart wird ein eigenes Aufwandskonto und für jede Ertragsart ein eigenes Ertragskonto gebildet. Die so entstandenen Konten werden als Erfolgskonten bezeichnet.

8. Wiederholungsfragen

- ❍ 1. Was bringt die Bezeichnung »doppelte Buchführung« zum Ausdruck? Lösung S. 28, 29
- ❍ 2. Was versteht man unter dem Festwertverfahren und der Gruppenbewertung? Lösung S. 32
- ❍ 3. Was versteht man unter einer Stichprobeninventur? Lösung S. 33
- ❍ 4. Erläutern Sie den formalen Aufbau einer Bilanz! Lösung S. 35, 36
- ❍ 5. Erläutern Sie, wie die Eröffnungsbilanz in Bestandskonten zerlegt wird! Lösung S. 39-41
- ❍ 6. Welche Funktion hat das Eröffnungsbilanzkonto? Lösung S. 48, 49
- ❍ 7. Erläutern Sie mögliche Ursachen für Veränderungen der Bilanzposition »Eigenkapital«! Lösung S. 52, 53
- ❍ 8. Nennen Sie jeweils drei Beispiele für erfolgsneutrale und erfolgswirksame Geschäftsvorfälle? Lösung S. 54, 55
- ❍ 9. Erläutern Sie, wie die Unterkonten des Eigenkapitalkontos abzuschließen sind! Lösung S. 57-59, 64, 65
- ❍ 10. Machen Sie an jeweils einem selbst gewählten Beispiel deutlich, wie Privatentnahmen bzw. Privateinlagen zu verbuchen sind! Lösung S. 63
- ❍ 11. Erläutern Sie, wie sich Geschäftsvorfälle auf die Struktur der Bilanz auswirken können! Geben Sie für jeden Grundtypus der Bilanzveränderung ein Beispiel an! Lösung S. 67-70
- ❍ 12. Was versteht man unter einem Kontenrahmen und einem Kontenplan? Lösung S. 72

9. Aufgaben

Aufgabe 1

Aus der am 01.01.01 stattfindenden Inventur des Einzelunternehmers Brehme lassen sich zusammengefasst folgende Vermögensgegenstände und Schulden entnehmen:

Verbindlichkeiten gegenüber Lieferanten 97.500,–, Waren 150.000,–, Wertpapiere (zu Spekulationszwecken) 24.000,–, Büroausstattung 26.000,–, Bankverbindlichkeiten (langfristige Darlehen) 72.800,–, Kraftfahrzeuge 26.800,–, Forderungen an Kunden 57.500,–, Forderungen gegenüber Finanzamt 3.750,–, Kasse 5.200,–, Gebäude 122.500,–, Bankguthaben 13.200,–.

Erstellen Sie das Inventar und die Eröffnungsbilanz zum 01.01.01!

Lösung

Inventar der Firma Brehme zum 01.01.01

I.	Vermögen:			
	Anlagevermögen			
	1.	Gebäude		122.500,–
	2.	Büroausstattung		26.000,–
	3.	Fuhrpark		26.800,–
	Umlaufvermögen			
	1.	Waren		150.000,–
	2.	Forderungen		
		- ggü. Kunden	57.000,–	
		- ggü. Finanzamt	3.750,–	60.750,–
	1.	Wertpapiere		24.000,–
	2.	Bankguthaben		13.200,–
	3.	Kasse		5.200,–
				428.450,–
II.	Schulden:			
	1.	Bankdarlehen		72.800,–
	2.	Verbindlichkeiten ggü. Lieferanten		97.500,–
				170.300,–
II.	Reinvermögen:			
	Summe des Vermögens			428.450,–
./.	Summe der Verbindlichkeiten			170.300,–
				258.150,–

Aktiva	Bilanz der Firma Breme zum 01.01.01		Passiva
I. Anlagevermögen		I. Eigenkapital	258.150,–
1. Gebäude	122.500,–	II. Fremdkapital	
2. Büroausstattung	26.000,–	1. Darlehen	72.800,–
3. Fuhrpark	26.800,–	2. Verbindlichkeiten	97.500,–
II. Umlaufvermögen			
1. Waren	150.000,–		
2. Forderungen	60.750,–		
3. Wertpapiere	24.000,–		
4. Bank	13.200,–		
5. Kasse	5.200,–		
	428.450,–		428.450,–

Aufgabe 2

Gegeben sei folgende Eröffnungsbilanz der Firma Hoeneß KG:

Aktiva	Bilanz der Firma Hoeneß zum 01.01.01		Passiva
I. Anlagevermögen		I. Eigenkapital	100.000,–
1. Grundstücke	20.000,–	II. Fremdkapital	
2. Gebäude	120.000,–	1. Darlehen	90.000,–
3. Fuhrpark	10.000,–	2. Verbindlichkeiten	33.000,–
4. Geschäftsausstattung	8.000,–		
5. Wertpapiere	5.000,–		
II. Umlaufvermögen			
1. Waren	30.000,–		
2. Forderungen	15.000,–		
3. Bank	10.000,–		
4. Kasse	5.000,–		
	223.000,–		223.000,–

a) Vorstehende Eröffnungsbilanz des Jahres 01 soll in Konten aufgelöst werden. Bilden Sie die Buchungssätze für die Konteneröffnung.

b) Buchen Sie auf die vorstehend eröffneten Konten die folgenden Geschäftsvorfälle des Geschäftsjahres 01:

(1) Ein Kunde begleicht seine Schuld in Höhe von 10.000,– per Banküberweisung.

(2) Begleichung einer Lieferantenverbindlichkeit in Höhe von 2.000,– durch Banküberweisung.

(3) Warenverkauf gegen Barzahlung von 20.000,–.

(4) Wareneinkauf auf Ziel für 6.000,–.

(5) Kauf von Aktien gegen Barzahlung von 2.000,–.

(6) Aufnahme eines Hypothekendarlehens. Auszahlung von 10.000,– in bar.

(7) Barabhebung von der Bank: 1.000,–.

(8) Wareneinkauf gegen Bankscheck in Höhe von 3.000,–.

(9) Kauf eines Lastwagens im Wert von 8.000,– auf Ziel.

(10) Verkauf von gebrauchten Büromöbeln gegen Barzahlung von 2.000,–.

(11) Umwandlung einer kurzfristigen Verbindlichkeit in Höhe von 5.000,– in ein langfristiges Darlehen.

(12) Verkauf eines nicht mehr genutzten Gebäudes gegen Barzahlung von 20.000,–.

c) Wie sieht die Schlussbilanz des Geschäftsjahres 01 aus?

Lösung

a)	Grundstücke	an Eröffnungsbilanzkonto	20.000,–
	Gebäude	an Eröffnungsbilanzkonto	120.000,–
	Fuhrpark	an Eröffnungsbilanzkonto	10.000,–
		usw.	
	Eröffnungsbilanzkonto	an Eigenkapital	100.000,–
	Eröffnungsbilanzkonto	an Darlehen	90.000,–
	Eröffnungsbilanzkonto	an Verbindlichkeiten	33.000,–

b)	(1)	Bank	an Forderungen	10.000,–
	(2)	Verbindlichkeiten	an Bank	2.000,–
	(3)	Kasse	an Waren	20.000,–
	(4)	Waren	an Verbindlichkeiten	6.000,–
	(5)	Wertpapiere	an Kasse	2.000,–
	(6)	Kasse	an Darlehen	10.000,–
	(7)	Kasse	an Bank	1.000,–
	(8)	Waren	an Bank	3.000,–
	(9)	Fuhrpark	an Verbindlichkeiten	8.000,–
	(10)	Kasse	an Geschäftsausstattung	2.000,–
	(11)	Verbindlichkeiten	an Darlehen	5.000,–
	(12)	Kasse	an Gebäude	20.000,–

c)

Aktiva	Bilanz der Firma Hoeneß zum 31.12.01		Passiva
I. Anlagevermögen		I. Eigenkapital	100.000,–
1. Grundstücke	20.000,–	II. Fremdkapital	
2. Gebäude	100.000,–	1. Darlehen	105.000,–
3. Fuhrpark	18.000,–	2. Verbindlichkeiten	40.000,–
4. Geschäftsausstattung	6.000,–		
5. Wertpapiere	7.000,–		
II. Umlaufvermögen			
1. Waren	19.000,–		
2. Forderungen	5.000,–		
3. Bank	14.000,–		
4. Kasse	56.000,–		
	245.000,–		245.000,–

Aufgabe 3

Wie lauten die Buchungssätze zu folgenden Geschäftsvorfällen?

(1) Kauf einer Schreibmaschine zum Preis von 200,– gegen Bankscheck.

(2) Barkauf von Waren im Wert von 1.200,–.

(3) Wir begleichen eine Rechnung unseres Lieferanten durch Banküberweisung von 800,–.

(4) Wir zahlen ein langfristiges Darlehen in Höhe von 2.000,– durch Banküberweisung von 800,– und Barzahlung von 1.200,– zurück.

(5) Zieleinkauf eines Lastkraftwagens zum Preis von 32.000,–.

(6) Wir nehmen ein langfristiges Darlehen in Höhe von 4.000,– auf und erhalten in bar 2.000,–. Die restlichen 2.000,– werden auf unserem Bankkonto gutgeschrieben.

(7) Barabhebung von 1.500,– vom Bankkonto.

(8) Ein Kunde begleicht eine fällige Rechnung in Höhe von 2.000,– durch Barzahlung von 1.500,– und Überweisung von 500,– auf das Postscheckkonto.

(9) Barverkauf eines gebrauchten Tischcomputers zum Preis von 2.000,–.

(10) Kauf eines unbebauten Grundstücks gegen Bankscheck in Höhe von 10.000,– und Barzahlung von 5.000,–.

(11) Zieleinkauf von Waren im Wert von 800,–.

(12) Bareinzahlung von 400,– auf das Bankkonto.

(13) Wir begleichen Verbindlichkeiten aus Lieferungen durch Banküberweisung von 500,–.

Lösung

(1)	Geschäftsausstattung		an	Bank	200,–
(2)	Waren		an	Kasse	1.200,–
(3)	Verbindlichkeiten		an	Bank	800,–
(4)	Darlehen	2.000,–	an	Bank	800,–
				Kasse	1.200,–
(5)	Fuhrpark		an	Verbindlichkeiten	32.000,–
(6)	Kasse	2.000,–			
	Bank	2.000,–	an	Darlehen	4.000,–
(7)	Kasse		an	Bank	1.500,–
(8)	Kasse	1.500,–			
	Postscheck	500,–	an	Forderungen	2.000,–
(9)	Kasse		an	Geschäftsausstattung	2.000,–
(10)	Grundstücke	15.000,–	an	Bank	10.000,–
				Kasse	5.000,–
(11)	Waren		an	Verbindlichkeiten	800,–
(12)	Bank		an	Kasse	400,–
(13)	Verbindlichkeiten		an	Bank	500,–

Aufgabe 4

Welche Geschäftsvorfälle liegen folgenden Buchungssätzen zugrunde?

(1)	Bank		an	Postscheck	1.500,–
(2)	Darlehen		an	Kasse	10.000,–
(3)	Verbindlichkeiten	5.000,–	an	Darlehen	3.000,–
				Kasse	2.000,–
(4)	BGA	3.000,–	an	Kasse	1.500,–
				Bank	1.500,–
(5)	Gebäude		an	Darlehen	8.000,–

(6)	Postscheck	800,–			
	Bank	1.200,–			
	Kasse	1.000,–	an	Forderungen	3.000,–
(7)	Kasse		an	Geschäftsausstattung	8.000,–
(8)	Waren		an	Verbindlichkeiten	300,–
(9)	Verbindlichkeiten	900,–	an	Postscheck	200,–
				Bank	700,–
(10)	Forderungen		an	Geschäftsausstattung	1.300,–
(11)	Postscheck		an	Bank	200,–
(12)	Postscheck		an	Kasse	700,–
(13)	Eigenkapital		an	Bank	2.000,–

Lösung:

(1) Überweisung von 1.500,– vom Postscheck- auf das Bankkonto.

(2) Wir begleichen eine Darlehensschuld in Höhe von 10.000,– durch Barzahlung.

(3) Eine Verbindlichkeit in Höhe von 5.000,– wird über 3.000,– in ein langfristiges Darlehen umgewandelt. Der Rest in Höhe von 2.000,– wird bar beglichen.

(4) Wir kaufen einen Gegenstand der Geschäftsausstattung zum Wert von 3.000,– durch Barzahlung von 1.500,– und einer Banküberweisung über 1.500,–.

(5) Wir kaufen ein Gebäude zum Wert von 8.000,– durch Aufnahme eines Darlehens.

(6) Ein Kunde begleicht seine Rechnung über 3.000,– durch Postschecküberweisung von 800,–, Banküberweisung von 1.200,– und Barzahlung von 1.000,–.

(7) Wir verkaufen einen Gegenstand der Geschäftsausstattung gegen Barzahlung von 8.000,–.

(8) Wir kaufen Waren auf Ziel zum Preis von 300,–.

(9) Wir begleichen Verbindlichkeiten durch Postschecküberweisung in Höhe von 200,– und Banküberweisung von 700,–.

(10) Wir verkaufen einen Gegenstand der Geschäftsausstattung zum Wert von 1.300,– auf Ziel.

(11) Wir überweisen 200,– vom Bankkonto auf das Postscheckkonto.

(12) Wir zahlen 700,– bar auf das Postscheckkonto ein.

(13) Privatentnahme des Unternehmers vom Bankkonto in Höhe von 2.000,–.

Aufgabe 5

Welche **Bilanz**positionen verändern sich durch die nachfolgenden Geschäftsvorfälle? Entscheiden Sie außerdem, ob es sich bei dem betreffenden Geschäftsvorfall um einen Aktivtausch (AT), einen Passivtausch (PT), eine Aktiv-Passiv-Mehrung (A+P+) oder eine Aktiv-Passiv-Minderung (A-P-) handelt.

(1) Kauf eines Gegenstands der Geschäftsausstattung gegen Barzahlung.

(2) Privateinlage in bar.

(3) Ein Kunde begleicht eine Rechnung durch Postschecküberweisung.

(4) Wir zahlen einen Bankkredit bar zurück.

(5) Barzahlung der betrieblichen Kraftfahrzeugsteuer.

(6) Warenentnahme.

(7) Verkauf eines gebrauchten Computers über Buchwert auf Ziel.

(8) Ein Lieferant verkauft uns Ware auf Ziel.

(9) Ein Kunde zieht bei der Rechnung Skonto ab und bezahlt per Banküberweisung.

(10) Wir kaufen ein betriebliches Grundstück gegen Barzahlung.

(11) Die Bank gewährt uns eine Hypothekenschuld.

(12) Zinslastschrift der Bank.

(13) Die Miete für die Privatwohnung des Unternehmers wird vom betrieblichen Bankkonto abgebucht.

(14) Wir kaufen einen neuen Lieferwagen gegen Bankscheck.

(15) Lohnzahlungen in bar.

(16) Warenrücksendung eines Kunden. Die Rechnung war noch nicht beglichen.

(17) Wir bezahlen die Reparaturrechnung für unseren Lieferwagen bar.

(18) Ein Kunde geht in Konkurs und unsere Forderung wird uneinbringlich.

(19) Wir zahlen eine Tilgungsrate auf ein Hypothekendarlehen in bar.

(20) Wir senden noch nicht bezahlte Ware wegen Mängeln an den Lieferanten zurück.

(21) Überweisung der Stromrechnung vom Bankkonto.

(22) Verkauf eines gebrauchten Lieferwagens unter Buchwert gegen Barzahlung.

Lösung:

(1)	BGA, Kasse	AT
(2)	Kasse, Eigenkapital	A+P+
(3)	Forderungen, Postscheck	AT
(4)	Verbindlichkeiten, Kasse	A-P-
(5)	Kasse, Eigenkapital	A-P-
(6)	Waren, Eigenkapital	A-P-
(7)	BGA, Forderungen, Eigenkapital	AT, A+P+
(8)	Waren, Verbindlichkeiten	A+P+
(9)	Forderungen, Bank, Eigenkapital	AT, A-P-
(10)	Grundstücke, Kasse	AT
(11)	Bank, Darlehen	A+P+
(12)	Bank, Eigenkapital	A-P-
(13)	Bank, Eigenkapital	A-P-
(14)	Fuhrpark, Bank	AT
(15)	Kasse, Eigenkapital	A-P-
(16)	Waren, Forderungen	AT
(17)	Kasse, Eigenkapital	A-P-
(18)	Forderung, Eigenkapital	A-P-
(19)	Darlehen, Kasse	A-P-
(20)	Waren, Verbindlichkeiten	A-P-
(21)	Bank, Eigenkapital	A-P-
(22)	Kasse, Fuhrpark, Eigenkapital	AT, A-P-

Aufgabe 6

Die Firma Assauer Immobilien vermittelt gegen Provision Wohnungen. Die Eröffnungsbilanz von Assauer Immobilien hat zum 01.01.01 folgendes Aussehen:

Aktiva Bilanz der Firma Assauer zum 01.01.01 Passiva

1. Geschäftsausstattung	30.000,–	1. Eigenkapital	12.000,–
2. Forderungen	6.000,–	2. Verbindlichkeiten	32.000,–
3. Bank	5.000,–		
4. Kasse	3.000,–		
	44.000,–		44.000,–

Assauer Immobilien verwendet zur Verbuchung der Aufwendungen und Erträge folgende Erfolgskonten: Büroaufwendungen, Zinsaufwendungen, Zinserträge, Provisionserträge.

Folgende Geschäftsvorfälle ereignen sich während des Geschäftsjahres:

(1) Die Telefongebühren in Höhe von 400,– werden vom Bankkonto abgebucht.

(2) Herr Assauer vermittelt eine Wohnung und erhält 4.000,– in bar.

(3) Das Unternehmen bekommt auf dem Bankkonto Zinserträge in Höhe von 2.000,– gutgeschrieben.

(4) Die Reinigungsfirma für das Büro wird bar bezahlt (Betrag 200,–).

(5) Assauer Immobilien vermittelt an einen Kunden eine Wohnung. Die Provision in Höhe von 3.000,– wird dem Kunden gestundet.

(6) Der Kunde aus Geschäftsvorfall (5) begleicht seine Schuld einige Wochen später durch Banküberweisung.

(7) Das Büro wird neu gestrichen. Der Rechungsbetrag in Höhe von 1.000,– wird per Bank überwiesen.

(8) Privatentnahme aus der Kasse in Höhe von 500,–.

(9) Die Stromrechnung für das Büro in Höhe von 300,– wird bar bezahlt.

(10) Für Vermittlungstätigkeit erhält das Unternehmen 1.000,– in bar und 2.000,– auf das Bankkonto überwiesen.

(11) Für das Büro wird ein neues Regal für 1.500,– auf Ziel gekauft.

(12) Zinsaufwendungen in Höhe von 700,– werden bar beglichen.

(13) Die defekte Heizung im Büro wird repariert. Der Rechnungsbetrag in Höhe von 400,– wird der Assauer Immobilien gestundet.

(14) Herr Assauer entnimmt den gesamten Kassenbestand für private Zwecke.

Aufgabenstellung:

a) Wie lauten die Buchungssätze für vorstehende Geschäftsvorfälle?

b) Verbuchen Sie die Geschäftsvorfälle auf T-Konten, schließen Sie die Konten ab und ermitteln Sie den Erfolg des Geschäftsjahres!

Lösung:

a)

(1)	Büroaufwand		an	Bank	400,–
(2)	Kasse		an	Provisionsertrag	4.000,–
(3)	Bank		an	Zinsertrag	2.000,–
(4)	Büroaufwand		an	Kasse	200,–
(5)	Forderungen		an	Provisionsertrag	3.000,–
(6)	Bank		an	Forderungen	3.000,–
(7)	Büroaufwand		an	Bank	1.000,–
(8)	Privat		an	Kasse	500,–
(9)	Büroaufwand		an	Kasse	300,–
(10)	Kasse	1.000,–			
	Bank	2.000,–	an	Provisionsertrag	3.000,–
(11)	Geschäftsausstattung		an	Verbindlichkeiten	1.500,–
(12)	Zinsaufwand		an	Kasse	700,–
(13)	Büroaufwand		an	Verbindlichkeiten	400,–
(14)	Privat		an	Kasse	6.300,–

b)

S	BGA		H
AB	30.000,–	SBK	31.500,–
(11)	1.500,–		

S	Forderungen		H
AB	6.000,–	(6)	3.000,–
(5)	3.000,–	SBK	6.000,–

S	Bank		H
AB	5.000,–	(1)	400,–
(3)	2.000,–	(7)	1.000,–
(6)	3.000,–	SBK	10.600,–
(10)	2.000,–		

S	Kasse		H
AB	3.000,–	(4)	200,–
(2)	4.000,–	(8)	500,–
(10)	1.000,–	(9)	300,–
		(12)	700,–
		Privat	6.300,–

S	Privat		H
(8)	500,–	EK	6.800,–
Kasse	6.300,–		

S	Verbindlichkeiten		H
SBK	33.900,–	AB	32.000,–
		(11)	1.500,–
		(13)	400,–

S	Büroaufwand		H
(1)	400,–	GuV	2.300,–
(4)	200,–		
(7)	1.000,–		
(9)	300,–		
(13)	400,–		

S	Provisionsertrag		H
GuV	10.000,–	(2)	4.000,–
		(5)	3.000,–
		(10)	3.000,–

S	Zinsaufwand		H
(12)	700,–	GuV	700,–

S	Zinsertrag		H
GuV	2.000,–	(3)	2.000,–

S	GuV		H
Büroaufwand	2.300,–	Prov.-ertrag	10.000,–
Zinsaufwand	700,–	Zinsertrag	2.000,–
EK	9.000,–		

S	Eigenkapital		H
Privat	6.800,–	AB	12.000,–
SBK	14.200,–	GuV	9.000,–

S	SBK		H
BGA	31.500,–	EK	14.200,–
Ford.	6.000,–	Verb.	33.900,–
Bank	10.600,–		

Der Erfolg des Geschäftsjahres beträgt 9.000,–.

Der Warenverkehr

Lernziele dieses Kapitels

- Kenntnis der buchungstechnischen Erfassung von Warenein- und -verkäufen auf dem einheitlichen Warenkonto und auf getrennten Warenkonten.
- Berücksichtigung der Umsatzsteuer bei der Verbuchung von Warenein- und -verkäufen.
- Kenntnis der buchungstechnischen Erfassung von Rücksendungen, Preisnachlässen, Rabatten, Boni, Skonti, Bezugskosten, Warenvertriebskosten und unfreiwilligen Vorratsminderungen.

In diesem Kapitel werden die buchungstechnischen Besonderheiten des Warenverkehrs erläutert. Der Warenverkehr ist für die meisten Unternehmen von großer Bedeutung und besitzt auch im Rahmen der Buchführung einen besonderen Stellenwert.

1. Das einheitliche (gemischte) Warenkonto

Einheitliches Warenkonto: Warenein- und -verkäufe werden auf demselben Konto erfasst.

Werden Wareneinkäufe und -verkäufe auf ein und demselben Konto erfasst, spricht man von einem einheitlichen Warenkonto.

Auf der Sollseite des einheitlichen Warenkontos werden der Warenanfangsbestand und die Warenzugänge eingetragen. Sowohl der Anfangsbestand als auch die Zugänge an Waren werden zu Einkaufspreisen bewertet.

Auf der Habenseite werden die Warenabgänge, bewertet zu Verkaufspreisen, verbucht. Ebenfalls auf der Habenseite eingetragen wird der durch Inventur ermittelte Warenendbestand. Allerdings wird dieser zu Einkaufspreisen bewertet. Eine Bewertung des Endbestandes zu Verkaufspreisen ist aufgrund des Realisationsprinzips, wonach noch nicht realisierte Gewinne nicht ausgewiesen werden dürfen, ausgeschlossen.

Gemischtes Konto

Das einheitliche Warenkonto stellt ein gemischtes Konto dar, da es neben Beständen auch den Erfolg aus der eigentlichen Verkaufstätigkeit enthält. Dieser so genannte Roherfolg ergibt sich als Saldo des einheitlichen Warenkontos, berechnet sich also wie folgt:

Roherfolg

(Warenverkäufe + Endbestand)
\- (Anfangsbestand + Wareneinkäufe)
= Roherfolg

Rohgewinn

Ein Rohgewinn als Saldo auf der Sollseite des einheitlichen Warenkontos entsteht, wenn die Summe aus Warenverkäufen und Endbestand die Summe aus Anfangsbestand und Wareneinkäufen übersteigt. Ein Rohverlust als Saldo auf der Habenseite des einheitlichen Warenkontos tritt im umgekehrten Fall auf.

Rohverlust

Die Positionen des einheitlichen Warenkontos sind in nachfolgender Abbildung dargestellt. Aus Gründen der Übersichtlichkeit wird an dieser Stelle vorerst auf die Darstellung von Rücksendungen und Preisnachlässen im Konto verzichtet. Rücksendungen und Preisnachlässe werden in gesonderten Abschnitten behandelt.

Gemischtes Warenkonto

S Waren H

S	H
Anfangsbestand zu Einkaufspreisen	Warenverkäufe zu Verkaufspreisen
Wareneinkäufe zu Einkaufspreisen	
Saldo: Rohgewinn	Endbestand gemäß Inventur zu Einkaufspreisen

2. Die getrennten Warenkonten

Erfassung des Warenverkehrs in zwei getrennten Warenkonten

Um eine übersichtlichere Verbuchung zu gewährleisten, wird der Warenverkehr im Allgemeinen in zwei getrennten Warenkonten erfasst: dem Wareneinkaufskonto und dem Warenverkaufskonto.

Wareneinkaufskonto

In das Wareneinkaufskonto (WEK) wird der Warenverkehr mit dem Lieferanten eingetragen. Es enthält auf der Sollseite den Anfangsbestand an Waren und die Warenzugänge und auf der Habenseite den durch Inventur ermittelten Endbestand an Waren. Die Positionen des Wareneinkaufskontos werden ausschließlich zu Einkaufspreisen bewertet. Letztendlich dient dieses Konto der Ermittlung des so genannten Wareneinsatzes, welcher sich wie folgt berechnet:

Wareneinsatz

	Warenanfangsbestand
+	Wareneinkäufe
-	Warenendbestand gemäß Inventur
=	Wareneinsatz

Bei der Darstellung in Kontenform ergibt sich der Wareneinsatz als Saldo auf der Habenseite des Wareneinkaufskontos. Beim Wareneinsatz handelt es sich somit um die zu Einkaufpreisen bewertete Menge an Waren, die während des Geschäftsjahres verwendet wurde, um die Verkaufserlöse des Geschäftsjahres zu erzielen.

Die einzelnen Positionen des Wareneinkaufskontos können noch einmal folgender Abbildung entnommen werden:

Wareneinkaufskonto

S Wareneinkauf H

S	H
Anfangsbestand zu Einkaufspreisen	Endbestand gemäß Inventur zu Einkaufspreisen
Wareneinkäufe zu Einkaufspreisen	Saldo: Wareneinsatz (Aufwand)

Wie aus der Abbildung ersichtlich wird, stellt das Wareneinkaufskonto ein gemischtes Konto dar, da es neben Beständen (Anfangsbestand und Endbestand) auch eine Aufwandskomponente in Form des Wareneinsatzes enthält.

Ein Beispiel soll abschließend noch einmal deutlich machen, wie der Einkauf von Waren über das Wareneinkaufskonto gebucht wird:

Beispiel: Der Großhändler Daum kauft beim Hersteller Braun Waren zum Preis von 500,– und bezahlt diese bar.

Buchungssatz (aus Sicht von Daum):

WEK an Kasse 500,–

Das Warenverkaufskonto (WVK) beinhaltet die Geschäftsvorfälle mit dem Kunden. Die Warenverkäufe werden auf der Habenseite des Warenverkaufskontos verbucht und zu Verkaufspreisen bewertet. Auf der Sollseite ergeben sich direkt als Saldo die Umsatzerlöse aus dem Warenverkauf. Da das Warenverkaufskonto folglich nur Ertragskomponenten und keine Bestandsgrößen aufweist, stellt es ein reines Erfolgskonto dar.

Warenverkaufskonto

Umsatzerlöse

Nachstehende Abbildung zeigt noch einmal die Inhalte des Warenverkaufskontos:

Warenverkaufskonto

S	Warenverkauf H
Saldo: Umsatzerlöse (Ertrag)	Warenverkäufe zu Verkaufspreisen

Der Roherfolg, der im Falle des einheitlichen Warenkontos unmittelbar als Saldo des Kontos erscheint, ergibt sich hier in einer Nebenrechnung aus der Gegenüberstellung von im Warenverkaufskonto ermittelten Umsatzerlösen und dem im Wareneinkaufskonto errechneten Wareneinsatz. Er berechnet sich wie folgt:

	Umsatzerlöse
-	Wareneinsatz
=	Roherfolg

Wie der Verkauf von Waren mit Hilfe des Warenverkaufskontos zu erfassen ist, soll abschließend durch ein Beispiel verdeutlicht werden:

Beispiel: Der Großhändler Daum verkauft an den Einzelhändler Schnellinger Waren zum Preis von 800,– und erhält eine Banküberweisung über diesen Betrag.

Buchungssatz (aus Sicht von Daum):

Bank an WVK 800,–

Am Ende der Periode müssen die beiden getrennten Warenkonten abgeschlossen werden. Grundsätzlich stehen mit dem Nettoverfahren und dem Bruttoverfahren zwei Verfahren für den Abschluss des Wareneinkaufs- und des Warenverkaufskontos zur Verfügung.

Abschluss des Wareneinkaufs- und des Warenverkaufskontos

Nettoverfahren

Beim Nettoverfahren erfolgt der Abschluss des Wareneinkaufskontos über das Warenverkaufskonto. Hierbei wird zunächst der Saldo des Wareneinkaufskontos (= Wareneinsatz) durch den Buchungssatz

WVK an WEK

auf das Warenverkaufskonto übertragen. Im Warenverkaufskonto stehen sich nun Wareneinsatz und Umsatzerlöse gegenüber. Ist der Wert der Umsatzerlöse größer als der Wareneinsatz, so entsteht als Saldo ein Rohgewinn, der durch den Buchungssatz

WVK an GuV-Konto

in das GuV-Konto übernommen wird. Im Falle eines Rohverlustes (Wareneinsatz > Umsatzerlöse) wird der entsprechende Saldo durch nachfolgenden Buchungssatz in das GuV-Konto übertragen:

GuV-Konto an WVK

Bruttoverfahren

Im Rahmen des Bruttoverfahrens werden die Salden des Wareneinkaufs- und des Warenverkaufskontos (Wareneinsatz und Umsatzerlöse) direkt auf das GuV-Konto gebucht. Folgende Buchungssätze sind dafür notwendig:

- GuV-Konto an Wareneinkauf
- Warenverkauf an GuV-Konto

Da das Wareneinkaufskonto ein gemischtes Konto darstellt, das neben der Erfolgskomponente Wareneinsatz auch Bestandsgrößen beinhaltet, ist sowohl beim Netto- als auch beim Bruttoverfahren eine weitere Abschlussbuchung für das Wareneinkaufskonto notwendig. Durch den Buchungssatz

SBK an WEK

wird der Warenendbestand vom Wareneinkaufskonto in das Schlussbilanzkonto übertragen.

Nachstehend wird der Abschluss der getrennten Warenkonten nach dem Nettoverfahren und nach dem Bruttoverfahren noch einmal grafisch veranschaulicht:

Abschluss von Wareneinkaufs- und Warenverkaufskonto nach dem Nettoverfahren

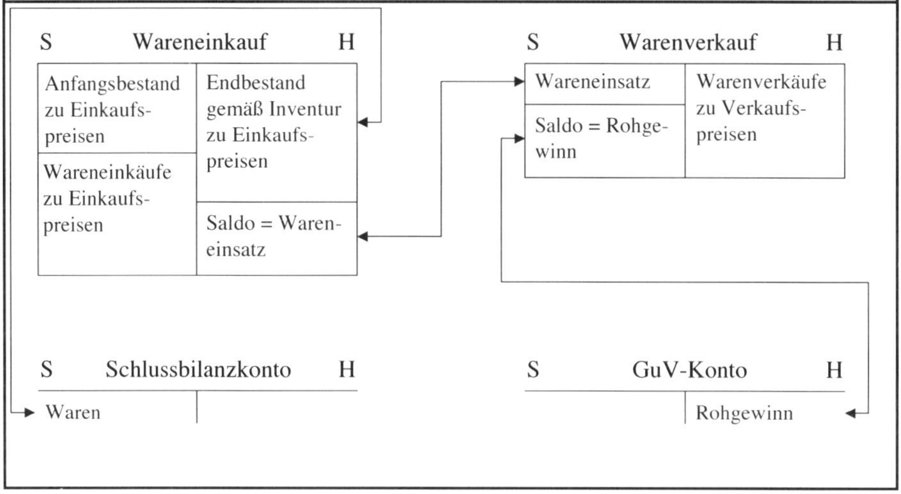

Abschluss von Wareneinkaufs- und Warenverkaufskonto nach dem Bruttoverfahren

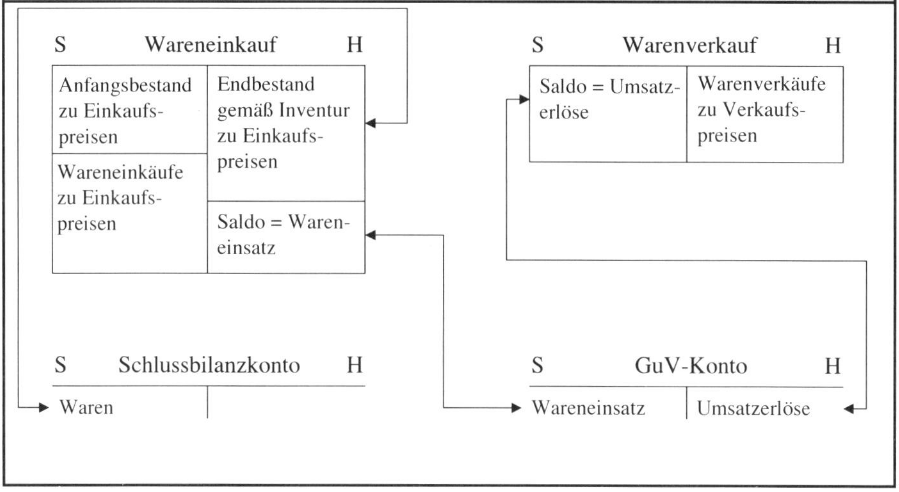

3. Die Umsatzsteuer

Warenein- und -verkäufe unterliegen grundsätzlich der Umsatzsteuer.

Bei den bisherigen Erläuterungen der Buchungstechnik zum Warenverkehr wurde außer Acht gelassen, dass Warenein- und -verkäufe in der Praxis grundsätzlich mit Umsatzsteuer behaftet sind. Im Folgenden soll daher zunächst das System der Umsatzbesteuerung in Deutschland kurz vorgestellt und anschließend die buchungstechnische Behandlung der Umsatzsteuer im Warenverkehr verdeutlicht werden.

3.1 Grundsätzliches zur Umsatzsteuer

Der Umsatzsteuer unterliegen gemäß § 1 Umsatzsteuergesetz die nachstehenden Umsätze:

- Lieferungen und sonstige Leistungen, die ein Unternehmer im Inland gegen Entgelt im Rahmen seines Unternehmens ausführt;
- Innergemeinschaftlicher Erwerb im Inland gegen Entgelt;
- Einfuhr von Gegenständen aus einem Drittlandsgebiet.

Zu den wichtigsten Vorgängen, die nicht der Umsatzsteuer unterliegen, zählen z. B.:

- Ausfuhrlieferungen;
- Kreditgewährungen;
- der Kauf- und Verkauf von Immobilien;
- die Vermietung und Verpachtung von Grundstücken, Geschäfts- und Wohngebäuden;
- die unmittelbar dem Postwesen dienenden Umsätze der Deutsche Post AG.

Zum besseren Verständnis beschränken sich die folgenden Ausführungen auf die Umsatzsteuer, die im Zusammenhang mit dem Warenverkehr im Inland auftritt.

Bemessungsgrundlage der Umsatzsteuer

Bemessungsgrundlage der Umsatzsteuer ist das für eine Lieferung von Waren erhaltene Entgelt. Die Höhe der Umsatzsteuer wird ermittelt durch Multiplikation des Steuersatzes mit dem (Netto-)Entgelt für die Ware. Das deutsche Umsatzsteuerrecht kennt neben dem Regelsteuersatz von derzeit 19 % auch einen ermäßigten Steuersatz von derzeit 7 %, der auf bestimmte, gesetzlich festgelegte Güter und Dienstleistungen (z. B. Lebensmittel, Zeitschriften, Bücher) angewendet wird.

Verbrauchssteuer

Bei der Umsatzsteuer handelt es sich um eine Verbrauchssteuer, die ausschließlich der Endverbraucher zu tragen hat. Dass die Unternehmen – sofern sie nicht auch Endverbraucher darstellen –, grundsätzlich durch die Umsatzsteuer nicht belastet werden, ist darauf zurückzuführen, dass die Umsatzsteuer in Form der Mehrwertsteuer erhoben wird. Der Umsatzsteuer unterworfen wird letztendlich nur der auf der jeweiligen Wirtschaftsstufe erwirtschaftete Mehrwert; dies erklärt auch den synonym verwendeten Begriff »Mehrwertsteuer«. Unter Mehrwert versteht man die Differenz zwischen den zu Verkaufspreisen bewerteten Output und den zu Einkaufspreisen bewerteten Input einer Wirtschaftsstufe (Herstellung, Weiterverarbeitung, Großhandel, Einzelhandel).

Mehrwertsteuer

Damit auf jeder Produktions- und Handelsstufe tatsächlich nur der jeweils erwirtschaftete Mehrwert mit Umsatzsteuer belastet wird, hat der Gesetzgeber das so genannte Vorsteuerabzugsverfahren eingeführt. Danach darf der Unternehmer die von Lieferanten in Rechnung gestellte Umsatzsteuer, die so genannte Vorsteuer, gegen die Umsatzsteuer aufrechnen, die der Unternehmer seinerseits durch den Verkauf von Waren erhält. Nur die Differenz aus erhaltener Umsatzsteuer und gezahlter Vorsteuer hat der Unternehmer an das Finanzamt abzuführen, so dass dem Unternehmer durch die gezahlte Vorsteuer keine Belastungen entstehen. Die Umsatzsteuer wirkt im Unternehmen somit lediglich wie ein durchlaufender Posten und stellt keinen Kostenfaktor für das Unternehmen dar. Für die von einer auf die andere Wirtschaftsstufe überwälzte Umsatzsteuer hat ausschließlich der Endverbraucher aufzukommen, dem als Endglied der hier dargestellten Kette nicht die Möglichkeit des Vorsteuersteuerabzugs offen steht.

Vorsteuerabzugsverfahren

Besteuerungszeitraum ist das Kalenderjahr. Das Verfahren der Umsatzbesteuerung ist dadurch gekennzeichnet, dass der Unternehmer während des Kalenderjahres im Rahmen so genannter Umsatzsteuervoranmeldungen, die er dem zuständigen Finanzamt vorlegen muss, Vorauszahlungen seiner Umsatzsteuerschuld zu leisten hat. Der Steuerpflichtige hat spätestens 10 Tage nach Ablauf jedes Voranmeldezeitraums (i. d. R. der Kalendermonat) eine Umsatzsteuervoranmeldung abzugeben, in der er für den betreffenden Voranmeldezeitraum die Umsatzsteuerschuld selbst berechnen muss. In Höhe der Umsatzsteuerschuld ist eine Vorauszahlung an das Finanzamt zu entrichten. Nach Ablauf des Kalenderjahres schließlich ist eine Umsatzsteuererklärung beim zuständigen Finanzamt einzureichen, in der die endgültige Steuerschuld für das abgelaufene Kalenderjahr ermittelt wird.

Umsatzsteuervoranmeldungen

3.2 Das Umsatzsteuer- und das Vorsteuerkonto

Passives Bestandskonto »Umsatzsteuer«

Die bei Warenverkäufen vom Unternehmen in Rechnung gestellte Umsatzsteuer verkörpert – da sie an das Finanzamt weitergeleitet werden muss – eine Verbindlichkeit gegenüber dem Finanzamt. Sie wird auf dem passiven Bestandskonto »Umsatzsteuer« eingetragen.

Aktives Bestandskonto »Vorsteuer«

Die in den Rechnungen für bezogene Waren ausgewiesene Umsatzsteuer stellt entsprechend eine Forderung gegenüber dem Finanzamt dar und wird auf dem aktiven Bestandskonto »Vorsteuer« erfasst.

Im Folgenden sind die Inhalte des Umsatz- und des Vorsteuerkontos dargestellt:

S — Umsatzsteuer	H
Umsatzsteuerberichtigungen aufgrund von: • Rücksendungen von Kunden • Preisnachlässen (Skonti, Boni) gegenüber Kunden	Erfassung der in den Ausgangsrechnungen ausgewiesenen Umsatzsteuer
Saldo: Umsatzsteuerverbindlichkeit gegenüber dem Finanzamt	

S — Vorsteuer	H
Erfassung der in den Eingangsrechnungen ausgewiesenen Umsatzsteuer (Vorsteuer)	Vorsteuerberichtigungen aufgrund von: • Rücksendungen an Lieferanten • Preisnachlässen (Skonti, Boni) der Lieferanten
	Saldo: Vorsteuerforderung gegen das Finanzamt

Die in den Konten ausgewiesenen Umsatzsteuer- bzw. Vorsteuerberichtigungen sind darauf zurückzuführen, dass das tatsächlich zu- bzw. abgeflossene Entgelt die Bemessungsgrundlage für die Berechnung der Umsatzsteuer bei Warenver- und -einkäufen bildet. Sofern sich die Bemessungsgrundlage nachträglich ändert (z. B. durch Rücksendungen oder Preisnachlässe), sind deshalb entsprechende Korrekturen an der Umsatzsteuerverbindlichkeit und der Vorsteuerforderung vorzunehmen.

3.3 Die Verbuchung der Umsatzsteuer

In den folgenden Abschnitten soll erläutert werden, wie bei Geschäftsvorfällen des Warenverkehrs die Umsatzsteuer buchungstechnisch zu erfassen ist. Mit der Netto- und der Bruttomethode stehen grundsätzlich zwei Möglichkeiten der Verbuchung zur Verfügung.

Nettomethode

Bei Anwendung der Nettomethode erfolgt eine Trennung von Entgelt und Umsatzsteuer (bzw. Vorsteuer) bereits bei der Verbuchung des jeweiligen Geschäftsvorfalls.

Beispiel für Wareneinkauf:

Der Unternehmer Mai bezieht Waren im Wert von 1.000,– zzgl. 19 % Umsatzsteuer auf Ziel.

Wareneinkauf		*1.000,–*	
Vorsteuer		*190,–*	
an	*Verbindlichkeiten*	*1.190,–*	

Beispiel für Warenverkauf:

Der Unternehmer Haller veräußert Waren im Wert von 5.950,– (brutto) gegen Barzahlung.

Kasse		*5.950,–*	
an	*Warenverkauf*	*5.000,–*	
	Umsatzsteuer	*950,–*	*(19/119 von 5.950,–)*

Bruttomethode

Bei Anwendung der Bruttomethode werden Entgelt und Steuerbetrag bei der Verbuchung des Geschäftsvorfalls in einer Summe ausgewiesen. Das Herausrechnen der Umsatzsteuer- bzw. Vorsteuerbeträge aus den Warenkonten erfolgt erst am Periodenende:

Beispiel für Wareneinkauf:

Der Großhändler Emmerich kauft Waren im Wert von 2.975,– (brutto) auf Ziel.

Verbuchung des Wareneinkaufs:

Wareneinkauf an Verbindlichkeiten 2.975,–

Herausrechnen der Vorsteuer am Periodenende:

Vorsteuer an Wareneinkauf 475,–

Beispiel für Warenverkauf

Der Einzelhändler Fürhoff verkauft Waren zum Preis von 200,– zzgl. 19 % Umsatzsteuer gegen bar.

Verbuchung des Warenverkaufs:

Kasse an Warenverkauf 238,–

Herausrechnen der Umsatzsteuer am Periodenende:

Warenverkauf an Umsatzsteuer 38,–

Das Herausrechnen der Steuerbeträge am Periodenende wird in der Buchungspraxis selbstverständlich nicht für jeden einzelnen Geschäftsvorfall getrennt, sondern für die Summe der Wareneinkäufe bzw. die Summe der Warenverkäufe gemeinsam vorgenommen. Damit es bei der Berechnung der auszubuchenden Steuerbeträge am Periodenende keine Probleme gibt, sollten Wareneinkäufe und -verkäufe mit unterschiedlichen Umsatzsteuersätzen (19 % bzw. 7 %) unmittelbar in unterschiedlichen Wareneinkaufs- und Warenverkaufskonten erfasst werden (z. B. werden in das WEK (7 %) nur Wareneinkäufe eingetragen, die einem Steuersatz von 7 % unterliegen).

3.4 Abschluss des Umsatzsteuer- und des Vorsteuerkontos

Am Periodenende werden die Vorsteuerforderung und die Umsatzsteuerverbindlichkeit gegeneinander aufgerechnet. Für den Fall, dass die Umsatzsteuerverbindlichkeit die Vorsteuerforderung übersteigt, spricht man von einer Umsatzsteuerzahllast, die der Kaufmann gegenüber dem Finanzamt hat. Ist hingegen die Vorsteuerforderung größer als die Umsatzsteuerverbindlichkeit, hat der Kaufmann gegenüber dem Finanzamt einen Vorsteuererstattungsanspruch.

Umsatzsteuerzahllast

Vorsteuererstattungs-anspruch

Im Rahmen der Abschlussbuchungen zum Umsatzsteuer- und zum Vorsteuerkonto kommt es darauf an, ob am Periodenende eine Umsatzsteuerzahllast oder ein Vorsteuererstattungsanspruch entstanden ist (vgl. hierzu die entsprechenden Abbildungen am Ende dieses Abschnitts). Da in der Regel Unternehmen Güter zu höheren Preisen verkaufen als sie sie eingekauft haben, wird die Umsatzsteuerzahllast in der Praxis der weitaus häufigere Fall sein, dennoch ist auch die Entstehung eines Vorsteuererstattungsanspruchs möglich (z. B. bei überwiegendem Export von Waren).

Im Falle einer Umsatzsteuerzahllast (in der entsprechenden Abbildung beträgt die Umsatzsteuerverbindlichkeit 8.000,– und die Vorsteuerforderung 5.000,–) wird zunächst der Saldo des Vorsteuerkontos (hier: 5.000,–) auf das Umsatzsteuerkonto übertragen. Der dazugehörige Buchungssatz lautet:

Umsatzsteuer an Vorsteuer 5.000,–

Im Umsatzsteuerkonto ergibt sich als nun als Habensaldo eine Umsatzsteuerzahllast (hier: 3.000,–), die anschließend als Verbindlichkeit gegenüber dem Finanzamt auf das Schlussbilanzkonto zu übernehmen ist. Folgender Buchungssatz ist dazu notwendig:

Umsatzsteuer an Schlussbilanzkonto 3.000,–

Liegt der Fall vor, dass die Vorsteuerforderung die Umsatzsteuerverbindlichkeit übersteigt (in der entsprechenden Abbildung beträgt die Vorsteuerforderung 9.000,– und die Umsatzsteuerverbindlichkeit 7.000,–), wird der Saldo des Umsatzsteuerkontos (hier: 7.000,–) durch den Buchungssatz

Umsatzsteuer an Vorsteuer 7.000,–

in das Vorsteuerkonto übernommen. Dort entsteht als Saldo ein Vorsteuererstattungsanspruch (hier: 2.000,–), der als Forderung gegenüber den Finanzbehörden in das Schlussbilanzkonto einzustellen ist. Der dazu notwendige Buchungssatz lautet:

Schlussbilanzkonto an Vorsteuer 2.000,–

Abschluss des Umsatz- und des Vorsteuerkontos im Falle einer Umsatzsteuer-Zahllast

S	Vorsteuer		H
Vorsteuer gemäß Eingangsrechnungen	5.000,–	Umsatzsteuer	5.000,–

S	Umsatzsteuer		H
Vorsteuer	5.000,–	Umsatzsteuer gemäß Ausgangsrechnungen	8.000,–
Saldo: SBK (Umsatz-Steuerzahllast)	3.000,–		

S	Schlussbilanzkonto		H
		…	
		Umsatzsteuer	3.000,–
		…	

Abschluss des Umsatz- und des Vorsteuerkontos im Falle eines Vorsteuer-Erstattungsanspruchs

S	Vorsteuer		H
Vorsteuer gemäß Eingangsrechnungen	9.000,–	Umsatzsteuer	7.000,–
		Saldo: SBK (Vorsteuer-Erstattungsanspruch)	2.000,–

S	Umsatzsteuer		H
Vorsteuer	7.000,–	Umsatzsteuer gemäß Ausgangsrechnungen	7.000,–

S	Schlussbilanzkonto		H
…			
Vorsteuer	2.000,–		
…			

3.5 Umsatzsteuerpflicht von Warenentnahmen

Es ist zu beachten, dass private Warenentnahmen (Eigenverbrauch) auch umsatzsteuerpflichtig sind.

Beispiel: Der Juwelier Heinrich schenkt seiner Verlobten einen Ring aus seinem Ladengeschäft. Der Nettowert (Einkaufspreis) des Rings beträgt 2.000,–.

Die Privatentnahme unterliegt der Umsatzsteuerpflicht, da Heinrich gleichsam als Endverbraucher auftritt. Der Nettowert des Ringes zuzüglich der darauf entfallenden Umsatzsteuer ist somit auf das Privatkonto zu buchen. Die Gegenbuchungen finden auf dem Wareneinkaufskonto und dem Umsatzsteuerkonto statt. Der Buchungssatz lautet also:

Privatkonto		*2.380,–*
an	*Wareneinkauf*	*2.000,–*
	Umsatzsteuer	*380,–*

In der Literatur ist umstritten, ob die Verbuchung von Privatentnahmen über das Wareneinkaufskonto oder das Warenverkaufskonto zu erfolgen hat. Für die Verbuchung über das Wareneinkaufskonto spricht, dass die Entnahme zu Einkaufspreisen erfolgen muss, als Argument für die Verbuchung im Warenverkaufskonto wird angeführt, dass die Entnahme gewissermaßen einem Verkauf ähnelt.

4. Rücksendungen und Preisnachlässe

Im Rahmen des Warenverkehrs kann es zu Rücksendungen von gekauften Waren oder auch zu Preisnachlässen auf gekaufte Waren kommen. Rücksendungen und Preisnachlässe erfolgen z. B. dann, wenn falsche oder mangelhafte Produkte geliefert wurden.

Der Abnehmer hat den verbuchten Wareneinkauf, der Lieferant den verbuchten Warenverkauf zu korrigieren.

Der Abnehmer hat im Falle von Rücksendungen und Preisnachlässen den ursprünglich verbuchten Wareneinkauf, der Lieferant den ursprünglich verbuchten Warenverkauf zu korrigieren. Bei einer Rücksendung ist daher die bereits erfolgte Buchung des Warengeschäftes ganz oder, falls nur ein Teil der Waren zurückgesandt wird, teilweise rückgängig zu machen. Im Falle eines Preisnachlasses ist die ursprüngliche Buchung um den entsprechenden Preisabschlag zu berichtigen. Da sich aufgrund der Rücksendung oder des Preisnachlasses das Entgelt für die Waren ändert, sind die Vorsteuer- und Umsatzsteuerkonten ebenfalls zu korrigieren.

In der folgenden Abbildung wird deutlich, dass Rücksendungen und Preisnachlässe im Wareneinkaufs- bzw. im Warenverkaufskonto auf der jeweils gegenüberliegenden Seite gebucht werden wie der zugrunde liegende Wareneinkauf bzw. Warenverkauf. Im Falle des Wareneinkaufskontos sind Rücksendungen und Preisnachlässe auf der Habenseite zu buchen, da sie den Wert der gekauften Waren vermindern. Im Falle des Warenverkaufskontos werden Rücksendungen und Preisnachlässe auf der Sollseite eingetragen, weil sie die Erträge aus Warenverkäufen verringern.

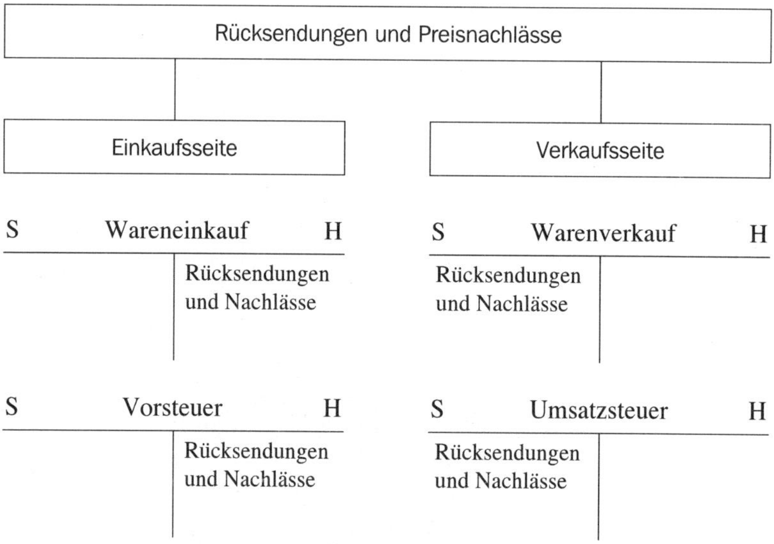

Auch die durch Rücksendung oder Preisnachlass notwendig gewordene Vorsteuer- bzw. Umsatzsteuerkorrektur erfolgt im Vorsteuer- bzw. Umsatzsteuerkonto jeweils auf der der ursprünglichen Verbuchung gegenüberliegenden Seite. Im Vorsteuerkonto ist daher die Berichtigung auf der Habenseite, im Umsatzsteuerkonto auf der Sollseite vorzunehmen.

Vorsteuer- bzw. Umsatzsteuerkorrektur

Im folgenden Beispiel soll insbesondere deutlich werden, dass bei der Verbuchung von Rücksendungen und Preisnachlässen im Vergleich zum zugrunde liegenden Warengeschäft lediglich die Buchungsseiten vertauscht sind. Dabei werden im Rahmen dieses Beispiels die Buchungen sowohl aus der Sicht des Verkäufers als auch aus Sicht des Käufers betrachtet.

Beispiel: Der Sportartikelgroßhändler Sammer kauft beim Schuhfabrikanten Hitzfeld 200 Paar Sportschuhe der Marke »Werder« im Gesamtwert von 20.000,– (netto) auf Ziel. 10 Paar der Sportschuhe weisen Mängel auf und gehen an den Hersteller zurück.

Buchungen aus der Sicht des Schuhfabrikanten Hitzfeld (Verkäufer):

Verbuchung des Warengeschäftes:

Forderungen		*23.800,–*
an	*Warenverkauf*	*20.000,–*
	Umsatzsteuer	*3.800,–*

Verbuchung der Rücksendung:

Warenverkauf		*1.000,–*
Umsatzsteuer		*190,–*
an	*Forderungen*	*1.190,–*

Buchungen aus der Sicht des Sportartikelgroßhändlers Sammer (Käufer):

Verbuchung des Warengeschäftes:

Wareneinkauf		*20.000,–*
Vorsteuer		*3.800,–*
an	*Verbindlichkeiten*	*23.800,–*

Verbuchung der Rücksendung:

Verbindlichkeiten		*1.190,–*
an	*Wareneinkauf*	*1.000,–*
	Vorsteuer	*190,–*

5. Rabatte, Boni, Skonti

In diesem Abschnitt werden mit den Rabatten, den Boni und den Skonti drei weitere Formen von Preisnachlässen erläutert. Während die im letzten Abschnitt vorgestellten Preisnachlässe ihre Ursache in der Lieferung mangelhafter Waren haben, handelt es sich nun um Preisnachlässe, die nicht in der Qualität der gelieferten Waren begründet sind.

Wie Rabatte, Boni und Skonti in der Buchführung zu erfassen sind, wird durch folgende Abbildung verdeutlicht. Auf diese Abbildung wird zur Erläuterung an den entsprechenden Stellen im Text zurückgegriffen werden.

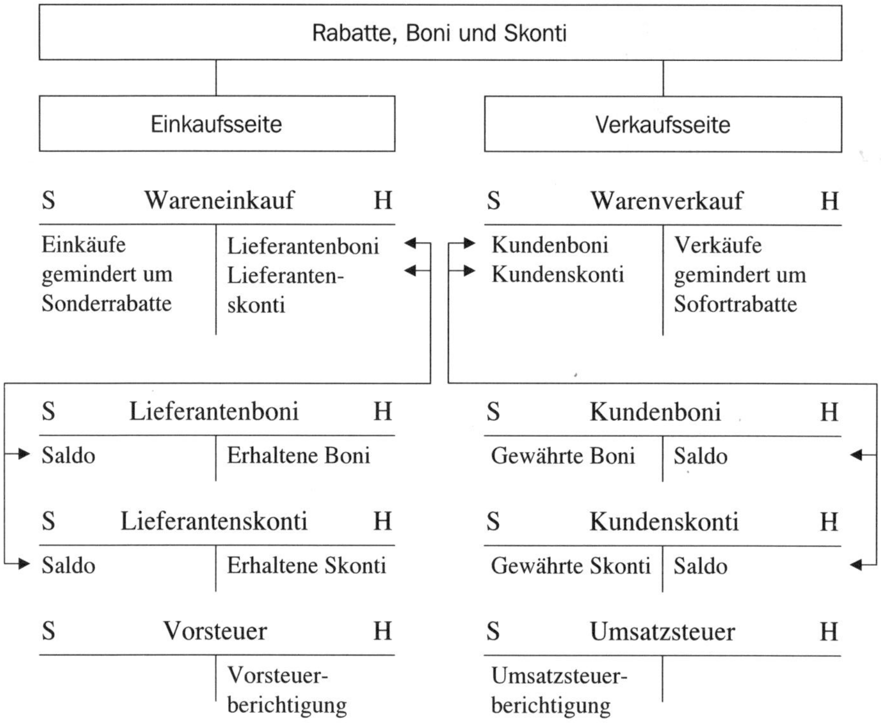

5.1 Rabatte

Bei Rabatten handelt es sich um sofortige Kaufpreisminderungen beim Kauf der Waren. Rabatte werden vom Verkäufer beim Vorliegen bestimmter Bedingungen gewährt. In der Praxis finden sich verschiedene Arten von Rabatten:

- Mengenrabatte (beim Kauf großer Mengen),
- Treuerabatte (an langjährige Kunden),
- Wiederverkäuferrabatte (an nachgelagerte Handelsstufen, z.B. Großhandel),
- Personalrabatte (für Verkäufe an Mitarbeiter),
- Sonderrabatte (z. B. Einführungs-, oder Saisonrabatte)
- Naturalrabatte (der Käufer erhält zusätzliche Einheiten der gekauften Ware umsonst).

Rabatte werden buchmäßig nicht gesondert erfasst. Sowohl der Verkäufer als auch der Käufer haben die Buchung des Warengeschäfts mit dem Preis durchzuführen, der sich nach Abzug des Rabattes vom ursprünglichen Listenpreis ergibt. Aus der Abbildung zu Anfang des Abschnittes wird ersichtlich, dass der Käufer den Wareneinkauf vermindert um Rabatte auf der Sollseite des Wareneinkaufskontos einzutragen hat und der Verkäufer den Warenverkauf vermindert um Rabatte auf der Habenseite des Warenverkaufskontos. Selbstverständlich ist auch die zu verbuchende Vorsteuer- bzw. Umsatzsteuer auf den um den Rabatt reduzierten Preis zu beziehen.

Im folgenden Beispiel werden die Buchungen zur Rabattgewährung sowohl aus Sicht des Käufers als auch des Verkäufers betrachtet.

Beispiel: Der Elektroeinzelhändler Ballack kauft beim Elektrogroßhändler Kahn 1.000 Spezialglühbirnen zum Preis von 10,– je Stück (zuzüglich 19 % Umsatzsteuer). Aufgrund der großen Abnahmemenge gewährt der Elektrogroßhändler 2 % Rabatt. Ballack bezahlt per Banküberweisung.

Der Rechnungsbetrag ergibt sich wie folgt:

Warenwert	*10.000,–*
- Rabatt	*200,–*
Nettobetrag	*9.800,–*
19 % Ust	*1.862,–*
Bruttobetrag	*11.662,–*

Buchungen aus der Sicht des Elektrogroßhändlers Kahn (Verkäufer):

Bank		*11.662,–*
an	*Warenverkauf*	*9.800,–*
	Umsatzsteuer	*1.862,–*

Buchungen aus der Sicht des Elektroeinzelhändlers Ballack (Käufer):

Wareneinkauf		*9.800,–*
Vorsteuer		*1.862,–*
an	*Bank*	*11.662,–*

Falls Rabatte nicht sofort, sondern (z. B. aufgrund eines Irrtums) erst nachträglich gewährt werden, wird die notwendige Korrekturbuchung – analog zu den im vorhergehenden Abschnitt erläuterten Preisnachlässen aufgrund von Mängeln – direkt im Wareneinkaufs- bzw. im Warenverkaufskonto vorgenommen. Auch an die notwendige nachträgliche Berichtigung der Vorsteuer- bzw. Umsatzsteuerbeträge sei erinnert.

5.2 Boni

Bei den Boni handelt es sich um Preisnachlässe, die der Verkäufer den Abnehmern nachträglich, z. B. am Quartals- oder Jahresende, gewährt.

Bonusvergütung als Prämie

Die Bonusvergütung stellt eine Art Prämie für eine langjährige Geschäftsbeziehung oder für den getätigten Umsatz während einer Periode dar.

Treuebonus

Beim Treuebonus wird am Periodenende ein Bonus gezahlt, dessen Höhe von der Dauer der Geschäftsbeziehung bestimmt wird.

Umsatzbonus

Die Höhe eines Umsatzbonus ist abhängig von der Höhe des getätigten Umsatzes. Damit ein Bonus ausgezahlt wird, muss der Abnehmer in der Regel einen bestimmten Mindestumsatz während der Abrechnungsperiode erreichen. Üblich ist insbesondere auch eine Staffelung der Bonusvergütung, d. h. bei Erreichen bestimmter Umsatzzahlen erhöht sich der Prozentsatz, der für die Berechnung der Bonusvergütung herangezogen wird.

Korrekturbuchungen notwendig

Da Boni rückwirkend auf bereits verbuchte Warengeschäfte einer Abrechnungsperiode eingeräumt werden, sind Korrekturbuchungen notwendig. Wie aus der Abbildung zu Beginn des Abschnittes ersichtlich ist, werden Boni allerdings nicht direkt über das Wareneinkaufs- und das Warenverkaufskonto, sondern über Unterkonten der getrennten Warenkonten verbucht.

Kundenboni

Boni, die einem Kunden im Zusammenhang mit Warenverkäufen gewährt werden, werden auf dem Konto »Kundenboni«, einem Unterkonto des Warenverkaufskontos, verbucht. Da das Konto »Kundenboni« dem Kontenformalismus des Warenverkaufskontos unterliegt und die Gewährung eines Kundenboni die aus Warenverkäufen erzielten Erträge verringert, sind gewährte Boni auf der Sollseite des Kontos »Kundenboni« einzutragen.

Unterkonto des Warenverkaufskontos

Lieferantenboni

Boni, die das betrachtete Unternehmen im Zusammenhang mit Wareneinkäufen von einem Lieferanten erhält, werden auf dem Konto »Lieferantenboni«, einem Unterkonto des Wareneinkaufskontos, erfasst. Die erhaltenen Boni werden auf der Habenseite des Kontos »Lieferantenboni« eingetragen, weil auf dieses der Kontenformalismus des Wareneinkaufskontos anzuwenden ist und erhaltene Boni den Wert der Wareneinkäufe mindern.

Unterkonto des Wareneinkaufskontos

Verbuchung von Boni

Zu beachten ist, dass im Rahmen der Korrekturbuchungen auch eine Berichtigung der Vorsteuer bzw. Umsatzsteuer erfolgen muss. Im Vorsteuerkonto ist die Berichtigung auf der Habenseite, im Umsatzsteuerkonto auf der Sollseite vorzunehmen.

Berichtigung der Vorsteuer bzw. Umsatzsteuer

An folgendem Beispiel wird die Verbuchung von Boni sowohl aus Sicht des Verkäufers als auch aus Sicht des Abnehmers deutlich gemacht.

Beispiel: Am Jahresende gewährt der Puppenhersteller Magath dem Spielzeuggroßhändler Völler auf dessen während des Jahres getätigten Umsatz in Höhe von 50.000,– zuzüglich 19 % Umsatzsteuer einen Bonus in Höhe von 2 % per Banküberweisung.

Buchungen aus der Sicht des Puppenherstellers Magath (Verkäufer):

Verbuchung der zugrunde liegenden Warengeschäfte (unter der Annahme, dass alle Waren per Banküberweisung bezahlt wurden):

Bank		*59.500,–*
an	*WVK*	*50.000,–*
	Umsatzsteuer	*9.500,–*

Verbuchung der Bonuszahlung:

Kundenboni		*1.000,–*
Umsatzsteuer		*190,–*
an	*Bank*	*1.190,–*

Die von Magath gewährten Boni (2 % von 50.000,–) sind auf der Sollseite des Kontos »Kundenboni« zu buchen, da sie die Verkaufserlöse aus den ursprünglichen Warengeschäften mit Völler mindern. Ebenso ist eine entsprechende Umsatzsteuerkorrektur(2 % von 9.500,–) auf der Sollseite des Umsatzsteuerkontos vorzunehmen. Der Gesamtbetrag aus Kundenbonus und Umsatzsteuerkorrektur wird vom Bankkonto abgebucht.

<u>Buchungen aus der Sicht des Spielzeuggroßhändlers Völler (Käufer):</u>

Verbuchung der zugrunde liegenden Warengeschäfte (unter der Annahme, dass alle Waren per Banküberweisung bezahlt wurden):

WEK		*50.000,–*
Vorsteuer		*9.500,–*
an	*Bank*	*59.500,–*

Verbuchung der Bonuszahlung:

Bank		*1.190,–*
an	*Lieferantenboni*	*1.000,–*
	Vorsteuer	*190,–*

Die erhaltenen Boni (2 % von 50.000,–) hat Völler auf der Habenseite des Kontos »Lieferantenboni« einzutragen, da sie den Wert der Wareneinkäufe aus den zugrunde liegenden Geschäften mit Magath verringern. Auf der Habenseite des Vorsteuerkontos ist außerdem eine Vorsteuerkorrektur von 1.000,– (2 % von 9.500,–) zu verbuchen. Die Summe aus Lieferantenbonus und Vorsteuerkorrektur wird auf das Bankkonto überwiesen.

Wie in der Abbildung am Anfang des Abschnitts zu erkennen ist, werden am Periodenende das Konto »Kundenboni« auf das Warenverkaufskonto und das Konto »Lieferantenboni« auf das Wareneinkaufskonto abgeschlossen.

Abschluss des Kontos »Kundenboni«

Der Buchungssatz zum Abschluss des Kontos »Kundenboni« lautet:

WVK an Kundenboni

Durch diesen Buchungssatz wird der Saldo, der sich im Konto »Kundenboni« auf der Habenseite befindet, auf die Sollseite des Warenverkaufskonto gebucht. Im Warenverkaufskonto wird deutlich, dass die gewährten Boni zu einer Verminderung der Umsatzerlöse führen.

Abschluss des Kontos »Lieferantenboni«

Der Abschluss des Kontos »Lieferantenboni« erfolgt über den Buchungssatz

Lieferantenboni an WEK.

Der sich auf der Sollseite des Kontos »Lieferantenboni« ergebende Saldo wird durch obigen Buchungssatz auf die Habenseite des Wareneinkaufskontos übertragen, wo er schließlich zu einer Verringerung des Wareneinsatzes führt.

5.3 Skonti

In Prozent ausgedrückte Preisnachlässe

Skonti sind in Prozent ausgedrückte Preisnachlässe, die Kunden eingeräumt werden, wenn sie innerhalb bestimmter Fristen die Rechnungsbeträge begleichen. Das vom Käufer zu entrichtende Entgelt für den Warenbezug hängt im Fall der Skontogewährung also von seinem Zahlungsverhalten ab.

Skontogewährung hängt vom Zahlungsverhalten ab.

Betrachtet werde beispielsweise ein Verkäufer, der einem Käufer 3 % Skonto gewährt, wenn dieser innerhalb von 14 Tagen seine Rechnung bezahlt. Begleicht der Käufer die Rechnung innerhalb dieser vereinbarten Frist, darf er vom Rechnungsbetrag 3 % Skonto abziehen, d. h. der Kaufpreis vermindert sich um 3 %. Der volle Rechnungsbetrag wird hingegen für den Käufer fällig, wenn er erst nach Ablauf der Zahlungsfrist von 14 Tagen zahlt. Die Skontogewährung stellt demnach für den Kunden einen Anreiz dar, früher zu bezahlen.

Die Abbildung am Anfang des Abschnittes macht deutlich, dass Skonti – ebenso wie Boni – nicht direkt über das Wareneinkaufs- und das Warenverkaufskonto, sondern über Unterkonten der getrennten Warenkonten verbucht werden.

Kundenskonti

Unterkonto des Warenverkaufskontos

Skonti, die einem Kunden bei Zahlung innerhalb der vereinbarten Frist eingeräumt werden, werden auf dem Konto »Kundenskonti«, einem Unterkonto des Warenverkaufskontos, verbucht. Die Eintragung der gewährten Skonti erfolgt auf der Sollseite des Kontos »Kundenskonti«, da es dem Kontenformalismus des Warenverkaufskontos unterliegt und die Gewährung von Kundenskonti die aus Warenverkäufen erzielten Erträge verringert. Zum Geschäftsjahresende ist das Konto »Kundenskonti« auf das Warenverkaufskontos abzuschließen (siehe Abbildung am Anfang des Abschnittes).

Lieferantenskonti

Unterkonto des Wareneinkaufskontos

Skonti, die das betrachtete Unternehmen bei Einhaltung der Zahlungsfrist von einem Lieferanten erhält, werden auf dem Konto »Lieferantenskonti«, einem Unterkonto des Wareneinkaufskontos, erfasst. Erhaltene Skonti werden auf der Habenseite des Kontos »Lieferantenskonti« verbucht, weil auf dieses der Kontenformalismus des Wareneinkaufkskontos anzuwenden ist und erhaltene Skonti den Wert der Wareneinkäufe mindern. Der Saldo des Kontos »Lieferantenskonti« ist, wie aus der Darstellung zu Beginn des Abschnittes ersichtlich ist, zum Geschäftsjahresende auf das Wareneinkaufskonto zu übertragen.

Verbuchung von Skonti

Berichtigungen der Vorsteuer bzw. Umsatzsteuer

Wie bereits von der buchhalterischen Behandlung von Boni bekannt, sind auch bei der Verbuchung von Skonti Berichtigungen der Vorsteuer bzw. Umsatzsteuer vorzunehmen. Im Vorsteuerkonto erfolgt die Korrektur auf der Habenseite, im Umsatzsteuerkonto auf der Sollseite.

Das folgende Beispiel verdeutlicht die Buchungen sowohl aus Sicht des Käufers als auch Sicht des Verkäufers.

Beispiel: Der Schuheinzelhändler Klose bezieht vom Großhändler Lehmann Waren. Der Rechnungsbetrag incl. Umsatzsteuer beträgt 11.900,–. Bei Zahlung innerhalb von 14 Tagen wird 3 % Skonto eingeräumt. Nach 10 Tagen überweist Klose unter Inanspruchnahme des Skontos den Rechnungsbetrag von seinem Bankkonto.

Buchungen aus Sicht des Schuheinzelhändlers Klose (Käufer):

Verbuchung des Warenbezuges:

Wareneinkauf		*10.000,–*
Vorsteuer		*1.900,–*
an	*Verbindlichkeiten*	*11.900,–*

Inanspruchnahme des Skontos:

Verbindl.		*11.900,–*
an	*Bank*	*11.543,–*
	Lieferantenskonti	*300,–*
	Vorsteuer	*57,–*

Der erste Buchungssatz bringt zum Ausdruck, dass zum Zeitpunkt des Warenbezugs aus Sicht des Käufers Verbindlichkeiten entstehen. Diese Verbindlichkeiten begleicht der Käufer innerhalb der Zahlungsfrist durch Banküberweisung unter Abzug von 3 % Skonto. Die Verbindlichkeiten sind demnach auf der Sollseite vollständig auszubuchen. Vom Bankkonto des Verkäufers werden aufgrund des Skontoabzugs nur 97 % des ursprünglichen Rechnungsbetrages abgebucht. Der Restbetrag ist als erhaltene Skonti auf der Habenseite des Kontos »Lieferantenskonti« (3 % von 10.000,–) und als Vorsteuerkorrektur (3 % von 1.900,–) auf der Habenseite des Vorsteuerkontos zu verbuchen.

Der Abschluss des Kontos »Lieferantenskonti« erfolgt über den Buchungssatz

Lieferantenskonti an Wareneinkauf.

<u>Buchungen aus Sicht des Großhändlers Lehmann (Verkäufer):</u>

Verbuchung des Warenverkaufs:

Forderungen		*11.900,–*
an	*Warenverkauf*	*10.000,–*
	Umsatzsteuer	*1.900,–*

Inanspruchnahme des Skontos:

Bank		*11.543,–*
Kundenskonti		*300,–*
Umsatzsteuer		*57,–*
an	*Forderungen*	*11.900,–*

Zum Zeitpunkt des Warenverkaufs entsteht aus Sicht des Verkäufers eine Forderung von 11.900,– brutto (erster Buchungssatz). Da der Käufer von der Abzugsmöglichkeit des Skontos Gebrauch macht, gehen auf dem Bankkonto des Verkäufers nur 97 % der ursprünglichen Forderung ein. Den Rest hat der Verkäufer als gewährte Skonti auf der Sollseite des Kontos »Kundenskonti« (3 % von 10.000,–) und als Umsatzsteuerkorrektur auf der Sollseite des Umsatzsteuerkontos einzutragen. Die ursprüngliche Forderung über 11.900,– ist auf der Habenseite des Forderungskontos auszubuchen.

Das Konto »Kundenskonti« wird abgeschlossen über den Buchungssatz

Warenverkauf an Kundenskonti.

Skontogewährungen können grundsätzlich nach der Nettomethode oder nach der Bruttomethode verbucht werden.

Nettomethode

Bei Anwendung der Nettomethode erfolgt eine sofortige Aufspaltung von Nettokaufpreisminderung und Umsatzsteuer- bzw. Vorsteuerkorrektur. Diese Vorgehensweise wurde bei obigem Beispiel gewählt.

Bruttomethode

Verbucht man Skontogewährungen nach der Bruttomethode, wird die Aufspaltung von Nettokaufpreisminderung und Umsatz- bzw. Vorsteuerkorrektur erst am Ende der Periode vorgenommen. In obigem Beispiel ergäben sich bei Anwendung der Bruttomethode folgende Buchungen:

Buchungen aus Sicht des Schuheinzelhändlers Klose (Käufer):

Verbuchung des Warenbezuges siehe oben.

Inanspruchnahme des Skontos:

Verbindl.		*11.900,–*
an	*Bank*	*11.543,–*
	Lieferantenskonti	*357,–*

Ausbuchung der Vorsteuer aus dem Konto Lieferantenskonti:

Lieferantenskonti an Vorsteuer 57,–

Abschluss des Kontos »Lieferantenskonti« siehe oben.

Buchungen aus Sicht des Großhändlers Lehmann (Verkäufer):

Verbuchung des Warenverkaufs siehe oben.

Inanspruchnahme des Skontos:

Bank		*11.543,–*
Kundenskonti		*357,–*
an	*Forderungen*	*11.900,–*

Ausbuchung der Umsatzsteuer aus dem Konto Kundenskonti:

Umsatzsteuer an Kundenskonti 57,–

Abschluss des Kontos »Kundenskonti« siehe oben.

6. Bezugskosten

Aufwendungen, die dem Kaufmann zusätzlich zu den eigentlichen Einkaufspreisen durch den Bezug von Waren entstehen, werden als Bezugskosten bezeichnet. Zu den Bezugskosten zählen beispielsweise Speditionsgebühren, Transportversicherungen, Einfuhrzölle, Verpackungskosten und Einkaufsprovisionen.

Nebenkosten des Erwerbs

Bezugskosten erhöhen als Nebenkosten des Erwerbs den Einkaufswert der beschafften Waren und sind deshalb im Wareneinkaufskonto zu erfassen. Zur Ermittlung des Wertes der im Wareneinkaufskonto anzusetzenden Waren sind daher einerseits die Bezugskosten zu den Einkaufspreisen hinzuzuzählen, andererseits erhaltene Preisnachlässe von den Einkaufspreisen abzuziehen. Der sich aus dieser Rechenoperation ergebende Wert wird als Einstandspreis bezeichnet. Zu beachten ist, dass die im Zusammenhang mit Bezugskosten anfallende Vorsteuer (wie die anfallende Vorsteuer beim Einkaufspreis) nicht Bestandteil des Einstandspreises ist. Somit gilt:

Einstandspreis

	Einkaufspreis (netto)
+	Bezugskosten (netto)
-	Preisnachlässe (netto)
	Einstandspreis

Unterkonto des Wareneinkaufskontos

Eine direkte Verbuchung der Bezugskosten über das Wareneinkaufskonto würde den Überblick über die bei der Beschaffung von Waren anfallenden Nebenkosten erschweren. Daher werden Bezugskosten in der Regel auf einem eigenen Unterkonto des Wareneinkaufskontos erfasst. Entstehende Nebenkosten des Erwerbs sind somit aufgrund des auch im Unterkonto »Bezugskosten« geltenden Kontenformalismus des Wareneinkaufskontos auf der Sollseite des Kontos »Bezugskosten« einzustellen. Zu beachten ist, dass man die im Zusammenhang mit Bezugskosten anfallende Umsatzsteuer über das Vorsteuerkonto zu verbuchen hat.

Beispiel:

Die Wörns KG bekommt von einem Lieferanten Waren geliefert. Die Rechnung für die Waren in Höhe von 2.000,– (netto) wird bar beglichen. Für die Lieferung fallen außerdem Transportkosten in Höhe von 100,– (netto) an, die ebenfalls bar bezahlt werden.

Die Wörns KG muss folgende Buchungen vornehmen:

Verbuchung des Warenbezugs:

Wareneinkauf 2.000,–
Vorsteuer 380,–
an Kasse 2.380,–

Verbuchung der Transportkosten:

Bezugskosten 100,–
Vorsteuer 19,–
an Kasse 119,–

Abschluss des Kontos »Bezugskosten« auf das Wareneinkaufskonto

Das Konto »Bezugskosten« ist zum Periodenende auf das Wareneinkaufskonto abzuschließen. Der dazugehörige Buchungssatz lautet:

Wareneinkauf an Bezugskosten

Durch die Abschlussbuchung wird das Konto »Bezugskosten« zum Ausgleich gebracht und der Saldo dieses Kontos auf die Sollseite des Wareneinkaufskontos übertragen. Nachstehende Abbildung bringt diesen Vorgang grafisch zum Ausdruck:

Am Periodenende ist zu beachten, dass der durch Inventur ermittelte Warenendbestand zu Einstandspreisen bewertet wird. Daher müssen die Einkaufspreise der Waren, die sich zum Bilanzstichtag noch auf Lager befinden, zusätzlich um die auf den Warenendbestand entfallenden Bezugskosten erhöht werden. Da eine exakte Zuordnung der Bezugskosten mit sehr viel Arbeitsaufwand verbunden ist, erfolgt aus Vereinfachungsgründen üblicherweise eine anteilige Zurechnung der wahrend des Jahres angefallenen Bezugskosten auf den Warenendbestand.

Beispiel: Der Einzelhändler Hinkel hat während des Geschäftsjahres Waren im Wert von 10.000,– (netto) bezogen. Dabei fielen insgesamt Bezugskosten in Höhe von 400,– (netto) an. Zum Bilanzstichtag befinden sich noch 25 % der bezogenen Waren auf Lager. In Kontenform stellt sich dieser Sachverhalt wie folgt dar (aus Vereinfachungsgründen wird auf die Darstellung der Vorsteuer verzichtet und von einem Anfangsbestand von 0,– ausgegangen):

S Wareneinkauf H

Anfangsbestand	0,–	Endbestand	2.600,–
Zugänge	10.000,–	Wareneinsatz	7.800,–
Bezugskosten	400,–		

S Bezugskosten H

Zugänge	400,–	Saldo	400,–

Da sich 25 % der während des Jahres bezogenen Waren (Einkaufspreis: 0,25 · 10.000,– = 2.500,–) noch auf Lager befinden, werden diesen auch 25 % der Bezugskosten zugeordnet (0,25 · 400,– = 100,–). Somit werden in den Wareneinsatz, der sich im Wareneinkaufskonto als Saldo ergibt, die restlichen 300,– Bezugskosten eingerechnet.

7. Warenvertriebskosten

Aufwendungen, die die Sphäre des Warenabsatzes betreffen

Auch der Warenverkauf kann für ein Unternehmen mit spezifischen Aufwendungen verbunden sein. Aufwendungen, die aus Sicht des Unternehmens die Sphäre des Warenabsatzes betreffen, werden Warenvertriebskosten genannt. Zu ihnen gehören – sofern der Verkäufer und nicht der Käufer dafür aufzukommen hat – beispielsweise Speditionsgebühren, Transportversicherungen, Ausfuhrzölle, Verpackungskosten und Verkaufsprovisionen.

Gesondertes Aufwandskonto

Es liegt die Vermutung auf der Hand, dass – in Analogie zu den Bezugskosten in der Sphäre der Warenbeschaffung – Warenvertriebskosten in einem Unterkonto des Warenverkaufskontos erfasst werden; diese Vermutung kann allerdings nicht bestätigt werden. Warenvertriebskosten werden üblicherweise auf einem gesonderten Aufwandskonto mit der Bezeichnung »Vertriebskosten« eingetragen, das unmittelbar über das GuV-Konto abgeschlossen wird.

Zu beachten ist, dass in das Konto »Vertriebskosten« nur die entsprechenden Nettobeträge einzustellen sind, sofern der Unternehmer zum Vorsteuerabzug berechtigt ist. Die mit Warenvertriebskosten verbundene Umsatzsteuer ist auf dem Vorsteuerkonto zu erfassen.

Beispiel: Der Sanitärgroßhändler Funkel verkauft gegen Barzahlung mehrere Waschbecken zu einem Preis von 3.000,– zuzüglich 19 % Umsatzsteuer an einen Kunden und lässt diese durch einen Spediteur ausliefern. Die Rechnung des Spediteurs beträgt 200,– (netto) und wird von Funkel per Banküberweisung beglichen.

Buchungssätze:

Warenverkauf:

Kasse		*3.570,–*
an	*Warenverkauf*	*3.000,–*
	Umsatzsteuer	*570,–*

Begleichung der Rechnung des Spediteurs:

Vertriebskosten		*200,–*
Vorsteuer		*38,–*
an	*Bank*	*238,–*

Da das Konto »Vertriebskosten« kein Unterkonto des Warenverkaufskontos darstellt, sondern ein gesondertes Aufwandskonto, wird der Saldo dieses Kontos direkt auf die Sollseite des GuV-Kontos übertragen. Der Abschlussbuchungssatz lautet also:

GuV-Konto an Vertriebskosten

8. Schwund, Verderb, Untergang und Diebstahl von Waren

Der Warenbestand eines Unternehmens kann zum einen durch Verkäufe, Privatentnahmen und Rücksendungen, zum anderen jedoch auch auf unfreiwillige Art und Weise reduziert werden. Zu den Formen dieser unfreiwilligen Vorratsverminderung gehören insbesondere

Unfreiwillige Vorratsminderung

- Schwund (z. B. Verdunstung einer chemischen Substanz),
- Verderb (z. B. bei Lebensmitteln),
- Untergang (z. B. Zerstörung von Waren aufgrund eines Brandes),
- Diebstahl.

Im Wareneinkaufskonto wird zum Geschäftsjahresende der durch Inventur ermittelte Warenendbestand angesetzt. Allerdings ist aus den rein wertmäßigen Daten der Warenkonten nicht ersichtlich, ob dieser Ist-Bestand mengenmäßig mit dem Bestand übereinstimmt, der gemäß den »regulären« Warenzu- und -abgängen (Warenein- und -verkäufe, Rücksendungen, Privatentnahmen) zum Geschäftsjahresende vorhanden sein müsste (Soll-Bestand). Da also nicht festzustellen ist, in welcher Höhe eine unfreiwillige Reduzierung der Warenvorräte stattgefunden hat, wird wiederum der den Umsatzerlösen zugrunde liegende Wareneinsatz zwangsläufig um den Betrag der unfreiwilligen Warenabgänge erhöht.

Um unfreiwillige Warendezimierungen erkennen zu können, benötigt das Unternehmen eine außerhalb des Kontensystems stehende Lagerbuchführung, in der die Warenzu- und -abgänge wert- und mengenmäßig aufgezeichnet werden. Mit Hilfe einer derartigen Lagerbuchhaltung kann der buchmäßige Warenendbestand (Soll-Bestand) ermittelt und mit dem durch die Inventur festgestellten Endbestand (Ist-Bestand) verglichen werden. Die Differenz aus beiden Größen zeigt die unfreiwillige Vorratsverminderung auf. Da diese, wie oben erläutert, den Wareneinsatz, der den Umsatzerlösen gegenüber zu stellen ist, verfälschen würde, ist sie im Wareneinkaufskonto als Abgang zu erfassen. Als Gegenkonto der entsprechenden Buchung dient das Konto »Sonstige betriebliche Aufwendungen«.

Lagerbuchführung

Sonstige betriebliche Aufwendungen

Beispiel: Das Wareneinkaufskonto der Lingor KG enthält zum Geschäftsjahresende folgende Positionen:

Warenanfangsbestand	*2.000,–*
Wareneinkäufe	*10.000,–*

Der durch Inventur ermittelte Endbestand beträgt 3.000,–. In der Lagerbuchführung hat sich ein Endbestand von 3.500,– ergeben.

Aus dem Vergleich des Soll-Bestandes und des Ist-Bestandes errechnet sich eine unfreiwillige Vorratsreduzierung von 500,–, die auf dem Wareneinkaufskonto als Abgang zu verbuchen ist. Der dazugehörige Buchungssatz lautet:

Sonstige betriebliche Aufwendungen an Wareneinkauf 500,–

Der Wareneinsatz des Geschäftsjahres ergibt sich nach Vornahme dieser Buchung als:

	Warenanfangsbestand	*2.000,–*
+	*Wareneinkäufe*	*10.000,–*
-	*Unfreiwillige Warenabgänge*	*500,–*
-	*Warenendbestand gemäß Inventur*	*3.000,–*
=	*Wareneinsatz*	*8.500,–*

Wäre aufgrund einer fehlenden Lagerbuchführung die Ausbuchung der unfreiwilligen Warenabgänge aus dem Wareneinkaufskonto nicht möglich gewesen, hätte sich ein zu hoher Wareneinsatz von 9.000,– ergeben.

9. Zusammenfassung

Ein einheitliches Warenkonto liegt vor, wenn Warenein- und -verkäufe auf demselben Konto erfasst werden.

Von getrennten Warenkonten spricht man, wenn Wareneinkäufe auf einem Wareneinkaufs- und Warenverkäufe auf einem Warenverkaufskonto erfasst werden. Beim Wareneinkaufskonto handelt es sich um ein gemischtes Konto, da es neben Beständen (Anfangsbestand und Endbestand) auch eine Aufwandskomponente in Form des Wareneinsatzes enthält. Das Warenverkaufskonto hingegen weist ausschließlich Ertragskomponenten aus und stellt daher ein reines Erfolgskonto dar.

Warenein- und -verkäufe sind grundsätzlich mit Umsatzsteuer behaftet. Die bei Warenverkäufen vom Unternehmen in Rechnung gestellte Umsatzsteuer wird auf dem passiven Bestandskonto »Umsatzsteuer«, die in den Rechnungen für bezogene Waren ausgewiesene Umsatzsteuer auf dem aktiven Bestandskonto »Vorsteuer« erfasst.

Im Falle von Rücksendungen und Preisnachlässen hat der Erwerber den ursprünglich verbuchten Wareneinkauf, der Lieferant den ursprünglich verbuchten Warenverkauf zu korrigieren.

Bei Rabatten handelt es sich um sofortige Kaufpreisminderungen beim Kauf der Waren. Sie werden buchmäßig nicht gesondert erfasst.

Boni stellen am Periodenende gewährte Prämien für langjährige Geschäftsbeziehungen oder für den getätigten Periodenumsatz dar. Skonti sind in Prozent ausgedrückte Preisnachlässe, die Kunden eingeräumt werden, wenn sie innerhalb bestimmter Fristen die Rechnungsbeträge begleichen. Sowohl Boni als auch Skonti werden über eigene Unterkonten des Wareneinkaufs- bzw. -verkaufskontos verbucht.

Bei den Bezugskosten handelt es sich um Nebenkosten des Erwerbs. Sie werden auf einem Unterkonto des Wareneinkaufskontos erfasst.

Aufwendungen im Zusammenhang mit dem Warenverkauf (= Warenvertriebskosten) werden auf einem gesonderten Aufwandskonto eingetragen, das unmittelbar über das GuV-Konto abgeschlossen wird.

Unfreiwillige Verminderungen des Warenvorrats (z. B. durch Diebstahl) werden als sonstige betriebliche Aufwendungen verbucht.

10. Wiederholungsfragen

❍ 1. Definieren Sie die Begriffe »Wareneinsatz« und »Roherfolg«! Lösung S. 91, 92

❍ 2. Die getrennten Warenkonten können nach dem Netto- und nach dem Bruttoverfahren abgeschlossen werden. Erläutern Sie die Unterschiede zwischen beiden Verfahren! Lösung S. 94, 95

❍ 3. Aus welchen Positionen besehen Wareneinkaufs- und -verkaufskonto? Lösung S. 92, 93

❍ 4. Erläutern Sie, warum die Umsatzsteuer auch als Mehrwertsteuer bezeichnet wird! Lösung S. 96, 97

❍ 5. Was versteht man unter dem Vorsteuerabzugsverfahren? Lösung S. 97

❍ 6. Erläutern Sie den Abschluss des Vorsteuer- und des Umsatzsteuerkontos! Lösung S. 100-102

❍ 7. Erläutern Sie die Verbuchung von Rücksendungen! Lösung S. 104, 105

❍ 8. Warum sind im Rahmen der Verbuchung von Boni und Skonti Vorsteuer- bzw. Umsatzsteuerberichtigungen notwendig? Lösung S. 104, 109, 112

❍ 9. Skontogewährungen können grundsätzlich nach der Netto- und nach der Bruttomethode verbucht werden. Erläutern Sie die Unterschiede zwischen beiden Methoden! Lösung S. 114

❍ 10. Erläutern Sie den Einfluss von Bezugskosten auf den Wareneinsatz! Lösung S. 115

❍ 11. Worin besteht hinsichtlich der Kontensystematik der wesentliche Unterschied zwischen der Verbuchung von Bezugskosten und der Verbuchung von Warenvertriebskosten? Lösung S. 118

❍ 12. Erläutern Sie, wie mit unfreiwilligen Warendezimierungen buchungstechnisch umzugehen ist! Lösung S. 119, 120

11. Aufgaben

Aufgabe 1

Im Geschäftsjahr 01 ereignen sich beim Textileinzelhändler Lehmann folgende Geschäftsvorfälle:

(1) Es erfolgt eine Anlieferung von 50 Herrenanzügen im Gesamtwert von 20.000,– zzgl. 19 % Umsatzsteuer. Der Betrag wird vom Lieferanten kreditiert.

(2) Ein paar Tage später werden von 50 angelieferten Herrenanzügen aufgrund von Mängeln 10 Stück an den Lieferanten zurückgeschickt. Dieser akzeptiert die Mängelrüge und schreibt Lehmann 4.000,– zzgl. 19 % Umsatzsteuer gut.

(3) Lehmann entnimmt einen Wintermantel für private Zwecke. Der Einkaufspreis des Mantels beträgt 400,–.

(4) Lehmann mietet anlässlich des Geburtstags seiner Tochter einen Luxussportwagen, um diese mit einer Spritztour zu überraschen. Der Mietbetrag von 300,– netto wird über das betriebliche Bankkonto beglichen.

(5) Die Tankrechnung seines Geschäftsfahrzeuges in Höhe von 200,– (netto) bezahlt Lehmann bar.

(6) Unternehmer Lehmann benutzt seinen Geschäftswagen auch für Privatfahrten. 25 % der in Geschäftsvorfall (5) genannten Tankkosten sind privat veranlasst.

(7) Lehmann verkauft 300 Motiv-T-Shirts an eine Schule für 4.000,– zzgl. 19 % Umsatzsteuer gegen Barzahlung.

(8) Lehmann gibt seinen Lieferwagen bei einer Werkstatt zur Inspektion. Lehmann begleicht den Rechnungsbetrag in Höhe von 1.785,– (inkl. 19 % Umsatzsteuer) durch Barzahlung.

(9) Ein verarbeitendes Unternehmen des Ortes kauft bei Lehmann 200 hochwertige Arbeitsanzüge. Der Rechnungsbetrag in Höhe von 19.040,– (inkl. 19 % Umsatzsteuer) wird per Banküberweisung beglichen.

Aufgabenstellung:

a) Bilden Sie die Buchungssätze für vorstehende Geschäftsvorfälle!

b) Ermitteln Sie die Umsatzsteuer-Zahllast und nehmen Sie die entsprechenden Buchungen zum Abschluss des Umsatzsteuer- und des Vorsteuerkontos vor!

Lösung:

a)

(1) WEK			20.000,–
Vorsteuer			3.800,–
an	Verbindlichkeiten		23.800,–
(2) Verbindlichkeiten			4.760,–
an	WEK		4.000,–
	Vorsteuer		760,–
(3) Privatkonto			476,–
an	WEK		400,–
	Umsatzsteuer		76,–
(4) Privatkonto an		Bank	357,–
(5) KfZ-Aufwand			200,–
Vorsteuer			38,–
an	Kasse		238,–
(6) Privatkonto			59,50
an	KfZ-Aufwand		50,–
	Umsatzsteuer		9,50
(7) Kasse			4.760,–
an	WVK		4.000,–
	Umsatzsteuer		760,–

(8)	KfZ-Aufwand		1.500,–
	Vorsteuer		285,–
	an	Kasse	1.785,–
(9)	Bank		19.040,–
	an	WVK	16.000,–
		Umsatzsteuer	3.040,–

b)

S	Vorsteuer		H
(1)	3.800,–	(2)	760,–
(5)	38,–	USt	3.363,–
(8)	258,–		

S	Umsatzsteuer		H
VSt	3.363,–	(3)	76,–
SBK	522,50	(6)	9,50
		(7)	760,–
		(9)	3.040,–

Buchungssätze:

Umsatzsteuer an Vorsteuer 3.363,–

Umsatzsteuer an SBK 522,50

Aufgabe 2

Bilden Sie die Buchungssätze zu nachfolgenden Geschäftsvorfällen (Umsatzsteuer 19 %)!

(1) Warenverkäufe auf Ziel zu 6.200,– (zzgl. Umsatzsteuer).

(2) Rücksendungen eines Kunden im Rechnungswert von brutto 297,50.

(3) Warenentnahme zum Einstandspreis von 300,–.

(4) Gehaltszahlung in Höhe von 2.200,– per Banküberweisung.

(5) Wareneinkauf auf Ziel zum Preis von 700,– netto.

(6) Begleichung der Rechnung eines Lieferanten in Höhe von 1.624,– durch Banküberweisung.

(7) Barkauf von Büromaterial zum Bruttopreis von 83,30.

(8) Bankgutschrift vom Lieferanten für eine Mängelrüge in Höhe von 300,– netto.

(9) Kunde begleicht eine Rechnung durch Banküberweisung nach Abzug von 2 % Skonto. Bankeingang: 2.332,40.

(10) Barzahlung von Eingangsfrachten in Höhe von 178,50 brutto.

(11) Verkauf eines gebrauchten Computers zum Buchwert von 500,– gegen Barzahlung von 714,– brutto.

(12) Bankgutschrift eines Lieferantenbonus in Höhe von 300,– netto.

(13) Wir verkaufen Waren gegen Barzahlung nach Abzug von 2 % Skonto. Der Listenpreis der Waren beträgt 2.200,– netto.

(14) Kauf von einem neuen Regal für das Büro zum Listenpreis von 1.000,– netto auf Ziel. Der Möbelhändler gewährt einen Rabatt von 10 %.

(15) Bezahlung des Regals aus Geschäftsvorfall (14) durch Banküberweisung nach Abzug von 2 % Skonto.

Lösung:

(1)	Forderungen		7.378,–
	an	WVK	6.200,–
		Umsatzsteuer	1.178,–
(2)	WVK		250,–
	Umsatzsteuer		47,50
	an	Forderungen	297,50
(3)	Privatkonto		357,–
	an	WEK	300,–
		Umsatzsteuer	57,–
(4)	Gehaltsaufwendungen an Bank		2.200,–
(5)	WEK		700,–
	Vorsteuer		133,–
	an	Verbindlichkeiten	833,–
(6)	Verbindlichkeiten an Bank		1.624,–
(7)	Büroaufwendungen		70,–
	Vorsteuer		13,30
	an	Kasse	83,30
(8)	Bank		357,–
	an	WEK	300,–
		Vorsteuer	57,–
(9)	Bank		2.332,40
	Kundenskonti		40,–
	Umsatzsteuer		7,60
	an	Forderungen	2.380,–
(10)	Bezugskosten		150,–
	Vorsteuer		28,50

	an	Kasse	178,50
(11)	Kasse		714,–
	an	BGA	500,–
		Sonstiger Ertrag	100,–
		Umsatzsteuer	114,–
(12)	Bank		357,–
	an	Lieferantenbonus	300,–
		Vorsteuer	57,–
(13)	Forderungen		2.618,–
	an	WVK	2.200,–
		Umsatzsteuer	418,–
	Kasse		2.565,64
	Kundenskonti		44,–
	Umsatzsteuer		8,36
	an	Forderungen	2.618,–
	oder:		
	Kasse		2.565,64
	Kundenskonti		44,–
	an	WVK	2.200,–
		Umsatzsteuer	409,64
(14)	BGA		900,–
	Vorsteuer		171,–
	an	Verbindlichkeiten	1.071,–
(15)	Verbindlichkeiten		1.071,–
	an	Bank	1.049,58
		BGA	18,–
		Vorsteuer	3,42

Der Lohn- und Gehaltsverkehr

Lernziele dieses Kapitels

- Verstehen, aus welchen Bestandteilen sich der Personalaufwand eines Unternehmens zusammensetzt.
- Kenntnis der buchungstechnischen Erfassung von Lohn- und Gehaltszahlungen.

1. Bestandteile des Personalaufwands

Der Einsatz von Mitarbeitern zur Erstellung der betrieblichen Leistung führt aus Unternehmenssicht zu Personalaufwand. Der Personalaufwand eines Unternehmens setzt sich grundsätzlich aus den Bruttoarbeitsentgelten für die Mitarbeiter und den sozialen Aufwendungen, die das Unternehmen zugunsten seiner Mitarbeiter erbringt, zusammen.

Bruttoarbeitsentgelt

Das Bruttoarbeitsentgelt, welches in den Ausprägungen »Bruttolohn« (für Arbeiter) und »Bruttogehalt« (für Angestellte) auftritt, stellt die Vergütung für die Tätigkeit der Mitarbeiter im Unternehmen dar.

Soziale Aufwendungen

Die vom Unternehmen für die Mitarbeiter erbrachten sozialen Aufwendungen lassen sich unterteilen in

- gesetzliche soziale Aufwendungen (hierbei handelt es sich um die Arbeitgeberanteile zur gesetzlichen Sozialversicherung sowie die Beiträge zur Berufsgenossenschaft),
- freiwillige soziale Aufwendungen (z. B. Heirats-, Geburts- und Arztkostenbeihilfen) und
- Aufwendungen für die Altersversorgung (z. B. Zahlungen an Pensionskassen oder Direktversicherungen).

Das Bruttoarbeitsentgelt ist nicht der Betrag, der an die Arbeitnehmer ausgezahlt wird. Aufgrund gesetzlicher Vorschriften hat das Unternehmen vom Bruttoarbeitsentgelt bestimmte Abzüge vorzunehmen. Zu diesen einzubehaltenden Abgaben gehören:

Lohnsteuer

Die Höhe der Lohnsteuer hängt ab vom Bruttoarbeitsentgelt und persönlichen Merkmalen des Arbeitnehmers (z. B. Steuerklasse und Familienstand). Der Arbeitgeber ermittelt anhand von Lohnsteuertabellen den Steuerabzug und behält diesen Betrag ein. Spätestens bis zum 10.

des Folgemonats hat der Arbeitgeber die einbehaltenen Steuerbeträge an das zuständige Finanzamt abzuführen.

Solidaritätszuschlag

Der Solidaritätszuschlag wurde zur Finanzierung der Wiedervereinigung Deutschlands 1995 eingeführt und wird mit einem Satz von 5,5 Prozent auf die Lohnsteuer erhoben.

Kirchensteuer

Die Kirchensteuer betrifft jedes Mitglied einer Religionsgemeinschaft. Sie beträgt – je nach Bundesland – 8 Prozent beziehungsweise 9 Prozent der ermittelten Lohnsteuer und ist zusammen mit dieser vom Arbeitgeber an das Finanzamt abzuführen.

Arbeitnehmeranteil zur Sozialversicherung

Die Höhe der Sozialversicherungsbeiträge richtet sich nach dem Bruttoarbeitsentgelt des Arbeitnehmers. Zur gesetzlichen Sozialversicherung gehören

- die Rentenversicherung,
- die Krankenversicherung,
- die Pflegeversicherung,
- die Arbeitslosenversicherung und
- die Unfallversicherung.

Die Beiträge für die vier erstgenannten Versicherungen sind grundsätzlich jeweils zur Hälfte vom Arbeitnehmer (Arbeitnehmeranteil) und vom Arbeitgeber (Arbeitgeberanteil) zu entrichten. Im Jahre 2005 wurde allerdings bei den gesetzlichen Krankenkassen ein alleine von den Arbeitnehmern aufzubringender Sonderbeitrag eingeführt, so dass die Aufteilung der Krankenversicherungsbeiträge nicht mehr vollkommen paritätisch erfolgt, sondern etwas zu Ungunsten der Arbeitnehmer verschoben ist. Für die Unfallversicherung muss der Arbeitgeber alleine aufkommen. Die Arbeitnehmeranteile der Renten-, Kranken-, Pflege- und Arbeitslosenversicherung werden vom Arbeitgeber einbehalten und sind gemeinsam mit den entsprechenden Arbeitgeberanteilen spätestens bis zum drittletzten Bankarbeitstag des Monats an die zuständige Krankenkasse (= Einzugsstelle) abzuführen. Diese übernimmt die Weiterverteilung an die anderen Sozialversicherungsträger. Die Beiträge zur Unfallversicherung hat der Arbeitgeber indessen direkt der zuständigen Berufsgenossenschaft zukommen zu lassen.

Durch den Abzug der Lohnsteuer, des Solidaritätszuschlags, der Kirchensteuer und des Arbeitnehmeranteils zur Sozialversicherung vom Bruttoarbeitsentgelt erhält man das Nettoarbeitsentgelt des Arbeitnehmers. Das Nettoarbeitsentgelt stimmt noch nicht zwingend mit dem Auszahlungsbetrag an den Beschäftigten überein. Hat der Beschäftigte einen Vertrag für vermögenswirksame Leistungen abgeschlossen, so ist das Nettoarbeitsentgelt noch um den Betrag der vermögenswirksamen Leistungen zu kürzen.

Vermögenswirksame Leistungen

Bei den vermögenswirksamen Leistungen handelt es sich um Geldleistungen, die der Arbeitgeber für den Arbeitnehmer in einer nach dem Vermögensbildungsgesetz vorgeschriebenen Anlageform anlegt. Der Arbeitnehmer kann aus einer Vielzahl von Anlageformen wählen; die größte Bedeutung in der Praxis haben Bausparverträge und Investmentfonds.

Für die vermögenswirksamen Leistungen hat der Arbeitnehmer Anspruch auf eine vom Staat gezahlte Arbeitnehmer-Sparzulage, soweit die eingezahlten Beträge bestimmte Grenzen (je nach Anlageform 400 € beziehungsweise 470 € im Kalenderjahr) nicht übersteigen. Die Sparzulage wird nur gewährt, wenn das zu versteuernde Einkommen in dem Kalenderjahr, in dem die vermögenswirksamen Leistungen angelegt worden sind, 17.900 € bei Ledigen und 35.800 € bei zusammen veranlagten Ehegatten nicht übersteigt. Die Sparzulage beträgt – je nach Anlageform – 18 Prozent beziehungsweise 9 Prozent des Anlagebetrages (Stand 2007).

Die vermögenswirksamen Leistungen können vom Arbeitnehmer alleine aus dem ihm ohnehin zustehenden Gehalt oder Lohn oder vom Arbeitgeber zusätzlich zum Gehalt oder Lohn erbracht werden. Werden die vermögenswirksamen Leistungen ganz oder teilweise vom Arbeitgeber getragen, erhöht sich das steuer- und sozialversicherungspflichtige Bruttoarbeitsentgelt des Beschäftigten um diesen Betrag. Der Arbeitgeber hat den gesamten Betrag der vermögenswirksamen Leistungen einzubehalten und an das jeweilige Institut (Bank, Bausparkasse, Versicherung) abzuführen.

Im Folgenden sind die Ermittlung des aus Unternehmenssicht anzusetzenden Personalaufwands und der Rechenweg vom Bruttogehalt eines Arbeitnehmers bis zum tatsächlichen Auszahlungsbetrag noch einmal zusammenfassend dargestellt:

Ermittlung des Personalaufwands:

Bruttolöhne und -gehälter
\+ vermögenswirksame Leistungen des Arbeitgebers
= Bruttoarbeitsentgelte
\+ gesetzliche soziale Aufwendungen
\+ freiwillige soziale Aufwendungen
\+ Aufwendungen für die Alterversorgung
= Personalaufwand

Ermittlung des Auszahlungsbetrages an einen Arbeitnehmer:

Bruttolohn bzw. -gehalt
\+ vermögenswirksame Leistungen des Arbeitgebers
= steuer- und sozialversicherungspflichtige Bruttoarbeitsentgelt
\- Lohnsteuer
\- Solidaritätszuschlag
\- Kirchensteuer
\- Arbeitnehmeranteil zur Sozialversicherung
= Nettoarbeitsentgelt
\- vermögenswirksame Leistungen
= Auszahlungsbetrag

2. Verbuchung der Lohn- und Gehaltszahlung

Gehalts- und Lohnzahlungen stellen aus Unternehmenssicht Aufwand dar. Sie werden auf der Sollseite der Erfolgskonten »Gehälter« bzw. »Löhne« verbucht. Durch die vom Bruttoarbeitsentgelt der Beschäftigten einbehaltenen Abzüge, die erst später an die entsprechenden Institutionen abgeführt werden, entstehen Verbindlichkeiten des Unternehmens gegenüber diesen Institutionen. Sie werden auf der Habenseite des Bestandskontos »Noch abzuführende Abgaben« eingetragen. Damit wird die Lohn- und Gehaltszahlung durch nachstehenden Buchungssatz erfasst:

Erfolgskonten »Gehälter« bzw. »Löhne«

Bestandskonto »Noch abzuführende Abgaben«

Löhne / Gehälter	an	Bank (Auszahlungsbetrag)
(Bruttolöhne/-gehälter +		Noch abzuführende Abgaben

vermögenswirksame Leistungen des Arbeitgebers)	(Lohnsteuer + Solidaritätszuschlag + Kirchensteuer + Arbeitnehmeranteil zur Sozialversicherung + vermögenswirksame Leistungen)

Der Arbeitgeberanteil zur Sozialversicherung, der die Personalaufwendungen des Unternehmens zusätzlich erhöht, stellt aus Unternehmenssicht eine Verbindlichkeit gegenüber den Sozialversicherungsträgern dar und wird ebenfalls auf dem Konto »Noch abzuführende Abgaben« erfasst. Die entsprechende Gegenbuchung wird auf dem Konto »Gesetzliche soziale Aufwendungen« vorgenommen. Damit lautet der Buchungssatz:

Gesetzliche soziale Aufwendungen	an	Noch abzuführende Abgaben

Falls ein Unternehmen freiwillige soziale Leistungen oder Leistungen für die Altersversorgung der Mitarbeiter erbringt, ist folgender Buchungssatz zusätzlich notwendig:

Freiwillige soziale Aufwendungen	an	Bank / Noch abzuführende Abgaben
Aufwendungen für die Altersversorgung		

Das Konto »Noch abzuführende Abgaben« wird zum Ausgleich gebracht, wenn die einbehaltenen Abzüge an die entsprechenden Institutionen abgeführt werden. Der dazu notwendige Buchungssatz lautet:

Noch abzuführende Abgaben	an	Bank

Vorschuss

Ein vom Unternehmen gezahlter Lohn- oder Gehaltsvorschuss an einen Arbeitnehmer stellt keinen Personalaufwand dar. Bei einem Vorschuss handelt es sich um einen an den Arbeitnehmer auf freiwilliger Basis eingeräumten zinslosen Kredit, der über das Konto »Sonstige Forderungen« zu erfassen ist. Folglich muss der Buchungssatz zu einer Vorschussgewährung wie folgt lauten:

Sonstige Forderungen	an	Bank

Der Vorschuss ist mit der zum nächsten Abrechungstermin anfallenden Lohn- bzw. Gehaltszahlung zu verrechnen.

Die Verbuchung des Lohn- und Gehaltsverkehrs soll anhand des folgenden Beispiels noch einmal im Gesamtzusammenhang verdeutlicht werden.

Beispiel: Der Angestellte Huth erhält zum 15. Juni sein Gehalt. Der Gehaltsabrechnung sind folgende Daten zu entnehmen:

Bruttogehalt:	*3.487,–*
Vermögenswirksame Leistungen (gesamt):	*40,–*
Vermögenswirksame Leistungen des Arbeitgebers:	*13,–*
Lohnsteuer:	*400,–*
Solidaritätszuschlag:	*22,–*
Kirchensteuer:	*36,–*
Krankenversicherung (Gesamtbeitrag):	*420,–*
Pflegeversicherung (Gesamtbeitrag):	*60,–*
Arbeitslosenversicherung (Gesamtbeitrag):	*228,–*
Rentenversicherung (Gesamtbeitrag):	*682,–*
Gehaltsvorschuss am 01. Juni:	*600,–*

Mit diesen Informationen lässt sich der Auszahlungsbetrag an Huth am 15. Juni wie folgt ermitteln:

	Bruttomonatsgehalt	*3.487,–*
+	*Vermögenswirksame Leistungen des Arbeitgebers*	*13,–*
=	*Steuerpflichtiges Bruttogehalt*	*3.500,–*
-	*Lohnsteuer*	*400,–*
-	*Solidaritätszuschlag*	*22,–*
-	*Kirchensteuer*	*36,–*
-	*Krankenversicherung (Arbeitnehmer-Anteil)*	*210,–*
-	*Pflegeversicherung (Arbeitnehmer-Anteil)*	*30,–*
-	*Arbeitslosenversicherung (Arbeitnehmer-Anteil)*	*114,–*
-	*Rentenversicherung (Arbeitnehmer-Anteil)*	*341,–*
=	*Nettogehalt*	*2.347,–*
-	*Vermögenswirksame Leistungen*	*40,–*
-	*Vorschuss*	*600,–*
=	*Auszahlungsbetrag*	*1.707,–*

Der gesamte durch den Angestellten Huth verursachte Personalaufwand beträgt:

	Bruttomonatsgehalt	*3.487,–*
+	*Vermögenswirksame Leistungen des Arbeitgebers*	*13,–*
+	*Krankenversicherung (Arbeitgeberanteil)*	*210,–*
+	*Pflegeversicherung (Arbeitgeberanteil)*	*30,–*

+	*Arbeitslosenversicherung (Arbeitgeberanteil)*	*114,–*
+	*Rentenversicherung (Arbeitgeberanteil)*	*341,–*
=	*Personalaufwand*	*4.195,–*

Die aufgrund der Gehaltszahlung an Huth vorzunehmenden Buchungssätze lauten:

Vorschuss zu Monatsbeginn:

Sonstige Forderungen	*an*	*Bank*	*600,–*

Buchungen am 15. Mai:

(1)	*Gehälter*	*3.500,–*	*an*	*Bank*	*1.707,–*
				Sonst. Forderungen	*600,–*
				Noch abzuführende Abgaben	*1.193,–*

In der Position »Noch abzuführende Abgaben« sind die Lohnsteuer, der Solidaritätszuschlag, die Kirchensteuer, die Arbeitnehmeranteile an den Sozialversicherungsbeiträgen sowie die vermögenswirksamen Leistungen enthalten.

(2)	*Gesetzliche soziale Aufwendungen*	*an*	*Noch abzuführende Abgaben*	*695,–*

In der Position »Gesetzliche soziale Aufwendungen« sind die Arbeitgeberanteile an den Sozialversicherungsbeiträgen enthalten.

Überweisungen an die entsprechenden Institutionen zu einem späteren Zeitpunkt:

Noch abzuführende Abgaben	*an*	*Bank*	*1.888,–*

3. Zusammenfassung

Der Personalaufwand eines Unternehmens besteht aus den Bruttoarbeitsentgelten für die Mitarbeiter und den sozialen Aufwendungen (gesetzliche und soziale Aufwendungen sowie Aufwendungen für die Altersversorgung), die zugunsten der Mitarbeiter erbracht werden.

Von den Bruttoarbeitsentgelten hat das Unternehmen aufgrund gesetzlicher Vorschriften bestimmte Beträge einzubehalten. Der Auszahlungsbetrag an den einzelnen Mitarbeiter ergibt sich durch die Kürzung des Bruttoarbeitsentgeltes um die Lohn- und die Kirchensteuer, den Solidaritätszuschlag, den Arbeitnehmeranteil zur Sozialversicherung sowie die vermögenswirksamen Leistungen. Die einbehaltenen Abzüge hat das Unternehmen an die entsprechenden Institutionen abzuführen.

Gehalts- und Lohnzahlungen werden auf den Erfolgskonten »Gehälter« bzw. »Löhne« verbucht. Die vom Bruttoarbeitsentgelt der Beschäftigten einbehaltenen Abzüge, die erst später an die entsprechenden Institutionen abgeführt werden, werden auf dem Passivkonto »Noch abzuführende Abgaben« erfasst.

4. Wiederholungsfragen

- ❍ 1. Aus welchen Einzelversicherungen besteht die gesetzliche Sozialversicherung? Wer hat für die Versicherungsbeiträge aufzukommen? Lösung S. 131
- ❍ 2. Was versteht man unter vermögenswirksamen Leistungen? Lösung S. 132
- ❍ 3. Was versteht man unter dem Nettoarbeitsentgelt? Lösung S. 133
- ❍ 4. Wie sind Vorschüsse buchungstechnisch zu behandeln? Lösung S. 134

5. Aufgabe

Der Angestellte Augenthaler bezieht zum 15. Mai ein Bruttomonatsgehalt von 3.093,50. Auf einem Bausparkonto spart er monatlich vermögenswirksame Leistungen in Höhe von 40,– an, die der Arbeitgeber direkt an die Bausparkasse überweist. An den vermögenswirksamen Leistungen beteiligt sich der Arbeitgeber mit 6,50. Die Lohnsteuer beträgt 600,– (zzgl. 5,5 % Solidaritätszuschlag). An Kirchensteuer hat Augenthaler 48,– abzuführen. Der Gesamtbeitrag zur Krankenversicherung (Pflegeversicherung) beläuft sich auf 418,50 (52,70). An die Rentenversicherung sind 604,50 (Gesamtbeitrag) zu zahlen. Der Arbeitnehmeranteil an der Arbeitslosenversicherung beträgt 100,75. Zu Monatsbeginn hat Augenthaler einen Gehaltsvorschuss in Höhe von 500,– erhalten. Es soll davon ausgegangen werden, dass alle Sozialversicherungsbeiträge jeweils zur Hälfte von Arbeitnehmer und Arbeitgeber aufzubringen sind.

Wie lauten die in der Finanzbuchhaltung notwendigen Buchungssätze zur Verbuchung der Gehaltszahlung?

Lösung:

Ermittlung des Auszahlungsbetrags:

	Bruttomonatsgehalt	3093,50
+	Arbeitgeber-Beitrag vermögenswirksame Leistungen	6,50
=	Steuerpflichtiges Bruttogehalt	3.100,–
-	Lohnsteuer	600,–
-	Solidaritätszuschlag	33,–
-	Kirchensteuer	48,–
-	Krankenversicherung (Arbeitnehmer-Anteil)	209,25
-	Pflegeversicherung (Arbeitnehmer-Anteil)	26,35
-	Rentenversicherung (Arbeitnehmer-Anteil)	302,25
-	Arbeitslosenversicherung (Arbeitnehmer-Anteil)	100,75
=	Nettogehalt	1.780,40
-	Vermögenswirksame Leistungen	40,–
-	Vorschuss	500,–
=	Auszahlungsbetrag	1.240,40

Ermittlung des Personalaufwands:

	Bruttomonatsgehalt	3093,50
+	Arbeitgeberbeitrag vermögenswirksame Leistungen	6,50

+	Krankenversicherung (Arbeitgeberanteil)	209,25
+	Pflegeversicherung (Arbeitgeberanteil)	26,35
+	Rentenversicherung (Arbeitgeberanteil)	302,25
+	Arbeitslosenversicherung (Arbeitgeberanteil)	100,75
=	Personalaufwand	3738,60

Buchungssätze:

Vorschuss zu Monatsbeginn:

Sonstige Forderungen	an	Bank	500,–

Buchungen am 15. Mai:

(1)	Gehaltsaufwendungen		3.100,–
	an	Bank	1.240,40
		Sonst. Forderungen	500,–
		Noch abzuführende Abgaben	1.359,60

In der Position »Noch abzuführende Abgaben« sind die Lohnsteuer, der Solidaritätszuschlag, die Kirchensteuer, die Arbeitnehmeranteile an den Sozialversicherungsbeiträgen sowie die vermögenswirksamen Leistungen enthalten.

(2)	Gesetzliche soziale Aufwendungen	an	Noch abzuführende Abgaben	638,60

In der Position »Gesetzliche soziale Aufwendungen« sind die Arbeitgeberanteile an den Sozialversicherungsbeiträgen enthalten.

Überweisungen an die entsprechenden Institutionen:

Noch abzuführende Abgaben	an	Bank	1.998,20

Vorbereitende Abschlussbuchungen

Lernziele dieses Kapitels

- Erkennen der Notwendigkeit von vorbereitenden Abschlussbuchungen.
- Kenntnis der wesentlichen Bewertungsprinzipien für Vermögensgegenstände und Schulden im Jahresabschluss.
- Erfassung der Verbuchung von plan- und außerplanmäßigen Abschreibungen sowie von Forderungsabschreibungen.
- Verstehen des Zweckes und der Verbuchung von Rechnungsabgrenzungsposten.
- Verstehen des Zweckes und der Verbuchung von Rückstellungen.
- Erkennen der Funktionen der Hauptabschlussübersicht.

1. Begriffsklärung

Unter dem Terminus »vorbereitende Abschlussbuchungen« werden die Buchungsvorgänge erfasst, die zum Ende des Geschäftsjahres notwendig werden, um das Vermögen und die Schulden des Unternehmens gemäß den gesetzlichen Bilanzierungs- und Bewertungsvorschriften im Jahresabschluss auszuweisen. Vorbereitende Abschlussbuchungen sind nicht mit den Abschlussbuchungen im eigentlichen Sinne zu verwechseln, die beim Abschluss der Bestands- und Erfolgskonten durchgeführt werden.

2. Elementare Bewertungsmaßstäbe für Vermögensgegenstände und Schulden

Bevor auf die Technik der vorbereitenden Abschlussbuchungen eingegangen wird, sollen im Folgenden zunächst die wesentlichen Maßstäbe für die Bewertung von Vermögensgegenständen und Schulden erläutert werden.

2.1 Vorsichtsprinzip

Vermögensgegenstände und Schulden sind vorsichtig zu bewerten.

Das Vorsichtsprinzip, wonach Vermögensgegenstände und Schulden vorsichtig zu bewerten sind, stellt einen ganz wesentlichen Bewertungsmaßstab in der deutschen Rechnungslegung dar. Aus ihm leiten sich eine Vielzahl anderer Bewertungsprinzipien ab.

Dem Vorsichtsprinzip (§ 252 Abs. 1 Nr. 4 HGB) liegt die Vorstellung des vorsichtigen Kaufmanns zugrunde, der sich selbst nicht reicher rechnen sollte als er tatsächlich ist, sondern im Zweifelsfällen immer ärmer. Gemäß dem Vorsichtsprinzip sind Vermögensgegenstände und Schulden, deren Werte geschätzt werden müssen, nicht mit den wahrscheinlichsten Werten, sondern mit tendenziell etwas pessimistischeren Werten anzusetzen. Der Grundsatz der Vorsicht kommt im Realisationsprinzip (siehe Abschnitt 2.2) und um Imparitätsprinzip (siehe Abschnitt 2.3) zum Ausdruck.

2.2 Realisationsprinzip

Nach dem Realisationsprinzip (§ 252 Abs. 1 Nr. 4 HGB) dürfen Gewinne erst dann ausgewiesen werden, wenn sie am Abschlussstichtag durch einen Umsatzakt verwirklicht sind. Als Realisationszeitpunkt wird nach herrschender Meinung der Zeitpunkt der Lieferung oder Leistung angesehen. Bis zu diesem Zeitpunkt sind Unternehmenserzeugnisse höchstens mit den – gegebenenfalls um planmäßige Abschreibungen verminderten – Anschaffungs- bzw. Herstellungskosten anzusetzen.

2.3 Imparitätsprinzip

Nicht realisierte Gewinne und Verluste werden in der Bilanz unterschiedlich behandelt.

Das ebenfalls in § 252 Abs. 1 Nr. 4 HGB aufgeführte Imparitätsprinzip verlangt, dass nicht realisierte Gewinne und Verluste in der Bilanz unterschiedlich (imparitätisch) behandelt werden. Während Gewinne nach dem Realisationsprinzip in der Bilanz erst dann ausgewiesen werden dürfen, wenn sie realisiert sind, sind drohende Risiken und Verluste bereits dann zu berücksichtigen, wenn sie sich mit genügend großer Sicherheit abzeichnen. Der Grundsatz, dass Risiken und Verluste in der Bilanz zu berücksichtigen sind, schlägt sich insbesondere im Niederstwertprinzip (§ 253 Abs. 2 und 3 HGB) nieder. Es besagt, dass im Rahmen der Bewertung von Vermögensgegenständen von zwei zur Verfügung stehenden Werten (z. B. Anschaffungskosten auf der einen Seite und aktueller Marktpreis auf der anderen Seite) der niedrigere anzusetzen ist. Das Niederstwertprinzip wird im Zusammenhang mit außerplanmäßigen Abschreibungen ausführlich erläutert.

2.4 Anschaffungskosten- und Herstellungskostenprinzip

Gemäß § 253 Abs. 1 Satz 1 dürfen Vermögensgegenstände bis zu ihrem Ausscheiden aus dem Unternehmen höchstens mit den – gegebenenfalls um planmäßige Abschreibungen verringerten – Anschaffungs- bzw. Herstellungskosten angesetzt werden.

Anschaffungskosten

Bewertungsmaßstab für fremdbezogene Vermögensgegenstände

Anschaffungskosten repräsentieren den Bewertungsmaßstab für alle vom Unternehmen fremdbezogenen Vermögensgegenstände. Gemäß § 255 Abs. 1 HGB gehören zu den Anschaffungskosten die Aufwendungen, die geleistet werden, um einen Vermögensgegenstand zu erwerben und ihn in einen betriebsbereiten Zustand zu versetzen, soweit sie dem Vermögensgegenstand einzeln zugeordnet werden können. Die Anschaffungskosten setzen sich aus folgenden Komponenten zusammen:

	Anschaffungspreis
-	Anschaffungspreisminderungen
+	Anschaffungsnebenkosten
+	nachträgliche Anschaffungskosten
=	Anschaffungskosten

Der Anschaffungspreis entspricht dem in der Rechnung ausgewiesenen Rechnungsbetrag, sofern der Unternehmer zum Vorsteuerabzug berechtigt ist. Anschaffungspreisminderungen sind Preisnachlässe wie Skonti, Rabatte und Boni.

Anschaffungspreis

Zu den Anschaffungsnebenkosten gehören alle Aufwendungen, die zusätzlich zum Kaufpreis anfallen, um den Vermögensgegenstand zu erwerben und ihn in einen betriebsbereiten Zustand zu versetzen. Als Beispiele sind zu nennen: Bezugs-, Versicherungs-, Fundamentierungs- und Montagekosten, Kosten für Probeläufe sowie Zölle. Voraussetzung für die Aktivierung der Anschaffungsnebenkosten ist jedoch, dass sie Einzelkostencharakter haben, d. h. dem Vermögensgegenstand direkt zurechenbar sind. Es ist demnach nicht statthaft, beispielsweise anteilige Gemeinkosten der Einkaufsabteilung als Anschaffungsnebenkosten zu aktivieren.

Anschaffungsnebenkosten

Nachträgliche Anschaffungskosten sind dadurch gekennzeichnet, dass sie dem Anschaffungsvorgang zeitlich nahe stehen, aber eben nicht durch die Anschaffung veranlasst sind. In der Literatur genannte Beispiele für nachträgliche Anschaffungskosten sind Kosten von Um- oder Ausbauarbeiten, nachträgliche Preiserhöhungen sowie Straßenanlieger- und Erschließungsbeträge.

Nachträgliche Anschaffungskosten

Herstellungskosten

Herstellungskosten stellen den Bewertungsmaßstab für selbsterstellte Vermögensgegenstände dar. § 255 Abs. 2 HGB definiert als Herstellungskosten die Aufwendungen, die durch den Verbrauch von Gütern und die Inanspruchnahme von Diensten für die Herstellung eines Vermögensgegenstandes, seine Erweiterung oder für eine über seinen ursprünglichen Zustand hinausgehende Verbesserung entstehen. Die einzelnen Bestandteile der Herstellungskosten sind nach § 255 Abs. 2 und 4 HGB wie folgt bestimmt:

Bewertungsmaßstab für selbsterstellte Vermögensgegenstände

- Einer Aktivierungspflicht unterliegen die dem Vermögensgegenstand direkt zurechenbaren Aufwendungen, also die Materialeinzelkosten, die Fertigungseinzelkosten und die Sondereinzelkosten der Fertigung.

Aktivierungspflicht

- Ein Aktivierungswahlrecht gilt für die Material- und Fertigungsgemeinkosten, für den Werteverzehr des Anlagevermögens (Abschreibungen), soweit er durch die Fertigung veranlasst ist, für die allgemeinen Verwaltungskosten sowie für soziale Einrichtungen des Betriebes, für freiwillige soziale Leistungen und für die betriebliche Altersversorgung.

Aktivierungswahlrecht

- Ein Aktivierungsverbot besteht schließlich für Vertriebskosten (z.B. Kosten der Werbung und Marktforschung). Fremdkapitalzinsen gehören grundsätzlich ebenfalls nicht zu den Herstellungs-

Aktivierungsverbot

kosten. Als Ausnahme gilt jedoch, dass Zinsen für Fremdkapital, das zur Finanzierung der Herstellung eines Vermögensgegenstandes verwendet werden wird, angesetzt werden dürfen, soweit sie auf den Zeitraum der Herstellung entfallen.

Gemäß § 255 Abs. 2 HGB bilden also Materialeinzelkosten, Fertigungseinzelkosten und die Sondereinzelkosten der Fertigung die Untergrenze der Herstellungskosten. Als Einzelkosten bezeichnet man Kosten, die dem Vermögensgegenstand unmittelbar zugerechnet werden können.

Materialeinzelkosten

- Die Materialeinzelkosten umfassen die dem Vermögensgegenstand unmittelbar zurechenbaren Kosten für Roh-, Hilfs-, und Betriebsstoffe sowie für fertig bezogene Teile.

Fertigungseinzelkosten

- Zu der Kategorie der Fertigungseinzelkosten zählen die dem Vermögensgegenstand direkt zurechenbaren Fertigungslöhne.

Sondereinzelkosten der Fertigung

- Als Sondereinzelkosten der Fertigung bezeichnet man unmittelbar zurechenbare, besondere Fertigungskosten, z. B. spezielle Werkzeuge, Modelle oder Schablonen, die ausschließlich der Produktion des betreffenden Vermögensgegenstandes dienen.

Während diese Einzelkosten in die Herstellungskosten einbezogen werden müssen, besteht hinsichtlich der genannten Gemeinkosten ein Bewertungsspielraum, d. h. sie können unter bestimmten Bedingungen bei der Ermittlung der Herstellungskosten eingerechnet werden.

Unter Gemeinkosten versteht man Kosten, die einem Vermögensgegenstand nicht unmittelbar zugerechnet werden können. Die genannten Gemeinkostenbegriffe werden wie folgt definiert:

Materialgemeinkosten

- Zu der Kategorie der Materialgemeinkosten zählen die nicht unmittelbar einem Vermögensgegenstand zurechenbaren Kosten der Einkaufsabteilung, Wareneingangsprüfung, Materiallagerung, Materialverwaltung und der Materialausgabe.

Fertigungsgemeinkosten

- Die Fertigungsgemeinkosten umfassen alle nicht direkt zurechenbaren Kosten des Fertigungsbereichs (z. B. Energiekosten, Instandhaltung, Arbeitsvorbereitung, Fertigungskontrolle, Meister, Lohnbüro und Werkstattverwaltung)

Werteverzehr des Anlagevermögens

- Ein Ansatzwahlrecht im Rahmen der Herstellungskosten besteht auch für den Werteverzehr des Anlagevermögens, soweit er durch die Fertigung veranlasst ist. Gemeint sind damit die planmäßigen Abschreibungen des der Fertigung dienenden Anlagevermögens.

Allgemeine Verwaltungskosten

- Unter den allgemeinen Verwaltungskosten sind Gemeinkosten des Verwaltungsbereichs zu erfassen, sofern sie nicht speziell im Material-, Fertigungs- oder Vertriebsbereich angefallen sind (z. B. Gehälter für die Geschäftsleitung, Rechnungswesen, Rechenzentrum, Personal- und Ausbildungswesen, Telefon-, Porto-, und Reinigungskosten).

- Zu den Aufwendungen für soziale Einrichtungen des Betriebes zählen beispielsweise Aufwendungen für die Kantine, Betriebssportstätten und Betriebsbüchereien.
- Aufwendungen für freiwillige soziale Leistungen sind z. B. Heirats-, Geburts- und Wohnungsbeihilfen oder Weihnachtszuwendungen.
- Als Aufwendungen für betriebliche Alterversorgung gelten insbesondere Zuweisungen zu den Pensionsrückstellungen und Zuwendungen an Pensions- und Unterstützungskassen.

Aufwendungen für soziale Einrichtungen des Betriebes

Aufwendungen für freiwillige soziale Leistungen

Aufwendungen für betriebliche Altersversorgung

Zu berücksichtigen ist, dass die Aktivierungsfähigkeit der hier genannten Gemeinkosten auf angemessene und notwendige Teile beschränkt ist. Dies hat zur Folge, dass beispielsweise außerplanmäßige Abschreibungen und Abschreibungen für nicht genutzte Maschinen nicht aktiviert werden dürfen. Eine weitere Einschränkung ergibt sich schließlich aus der Tatsache, dass die aktivierungsfähigen Gemeinkosten nur insoweit berücksichtigt werden dürfen, als sie auf den Zeitraum der Herstellung entfallen.

Zu den Herstellungskosten zählen gemäß § 255 Abs. 2 HGB auch Aufwendungen für die Erweiterung oder eine über den ursprünglichen Zustand hinausgehende wesentliche Verbesserung eines Vermögensgegenstandes. Probleme bestehen hinsichtlich der Abgrenzung dieser aktivierungspflichtigen Herstellungsaufwendungen von den nicht aktivierungsfähigen, im Jahr ihrer Entstehung erfolgswirksam zu behandelnden Erhaltungsaufwendungen. Während nach herrschender Meinung Erhaltungsaufwendungen bei kleineren Veränderungen und Instandhaltungen von Vermögensgegenständen angenommen werden, liegt aktivierungspflichtiger Herstellungsaufwand dann vor, wenn Maßnahmen durchgeführt werden,

Aufwendungen für die Erweiterung oder eine über den ursprünglichen Zustand hinausgehende wesentliche Verbesserung

- die einen Vermögensgegenstand wesentlich in seiner Substanz vermehren oder deutlich verbessern oder
- die die bisherige Verwendungs- oder Nutzungsart eines Vermögensgegenstand wesentlich verändern oder
- die die Lebensdauer eines Vermögensgegenstand nicht nur geringfügig verlängern.

2.5 Rückzahlungsbetrag

Nach § 253 Abs. 1 HGB sind Verbindlichkeiten in der Bilanz zu ihrem Rückzahlungsbetrag anzusetzen. Als Rückzahlungsbetrag bezeichnet man den Betrag, den der Schuldner bei Fälligkeit der Verbindlichkeit aufbringen muss, um seine Verpflichtung zu erfüllen.

3. Abschreibungen

3.1 Planmäßige Abschreibungen

Ordentlicher Werteverzehr des abnutzbaren Anlagevermögens

Durch die aufwandswirksame Verrechnung von planmäßigen Abschreibungen, die steuerrechtlich als Absetzungen für Abnutzung (AfA) bezeichnet werden, soll der ordentliche Werteverzehr des abnutzbaren Anlagevermögens (z. B. Gebäude, Maschinen, Fahrzeuge, Betriebs- und Geschäftsausstattung, Lizenzen) erfasst werden. Das nicht abnutzbare Anlagevermögen (Grundstücke) und das Umlaufvermögen werden nicht planmäßig abgeschrieben. Grundstücke sind definitionsgemäß nicht abnutzbar, Vermögensgegenstände des Umlaufvermögens sind nicht für den längerfristigen Verbleib im Unternehmen vorgesehen.

Ursachen

Der Werteverzehr des abnutzbaren Anlagevermögens kann die im Folgenden aufgeführten Ursachen haben:

- abnutzungsbedingter Verschleiß durch Gebrauch,
- natürlicher Verschleiß (z. B. Verrosten),
- Technische Überholung (z. B. aufgrund der Neuentwicklung von effizienteren Maschinen),
- Wirtschaftliche Überholung (z. B. verlieren im Unternehmen eingesetzte Maschinen auch deshalb an Wert, weil sie aufgrund von Mode- oder Geschmacksänderungen nach einer bestimmten Zeit für die Herstellung von Produkten nicht mehr benötigt werden),
- Fristenablauf bei Patenten und Lizenzen, deren Nutzungsdauer vertraglich befristet ist.

Die planmäßigen Abschreibungen sind auf der Grundlage eines Abschreibungsplans vorzunehmen. In diesem Abschreibungsplan ist festzulegen, wie die Anschaffungs- bzw. Herstellungskosten des Vermögensgegenstandes mit Hilfe einer den Grundsätzen ordnungsmäßiger Buchführung entsprechenden Methode auf die Geschäftsjahre verteilt werden, in denen der Vermögensgegenstand voraussichtlich genutzt werden kann. Die Nutzungsdauer wird dabei auf dem Schätzungswege bestimmt. Steuerrechtlich sind die Nutzungsdauern so genannten AfA-Tabellen zu entnehmen, die jedoch für die handelsrechtliche Rechnungslegung nicht bindend sind.

Abschreibungsplan

AfA-Tabellen

Abschreibungsmethoden

Die gebräuchlichsten Abschreibungsmethoden sollen im Folgenden dargestellt werden:

Lineare Methode

Bei der linearen Methode wird eine kontinuierliche Minderung der Anschaffungs- bzw. Herstellungskosten unterstellt. Der Abschreibungsbetrag pro Periode q_t ist für die gesamte Nutzungsdauer des Vermögensgegenstandes konstant und errechnet sich als Quotient aus den Anschaffungs- bzw. Herstellungskosten (AK) und der Anzahl der Jahre T der voraussichtlichen Nutzung. Ein unter Umständen am Ende der Nutzungsdauer verbleibender Rest- oder Schrottwert R_T muss bei der Festlegung der Abschreibungsbasis berücksichtigt werden. Der jährliche Abschreibungsbetrag ergibt sich demnach wie folgt:

$$q_t = \frac{AK - R_T}{T} \qquad \text{für } t = 1, 2, \ldots, T$$

Beispiel: Die Bauunternehmung Löw GmbH hat sich zu Beginn des Jahres 01 einen neuen Kran zu Anschaffungskosten von 90.000,– gekauft. Der Kran hat eine voraussichtliche Nutzungsdauer von acht Jahren und könnte nach dieser Nutzungsdauer für einen Restwert von 10.000,– verkauft werden. Nach der linearen Methode berechnen sich die jährlichen Abschreibungsbeträge q_t und die jeweiligen Restbuchwerte R_t des Krans wie folgt:

$$q_t = \frac{90.000 - 10.000}{8} = 10.000 \qquad \text{für } t = 1, 2, \ldots, 8$$

t	q_t	Restbuchwert R_t
1	10.000	80.000
2	10.000	70.000
3	10.000	60.000
4	10.000	50.000
5	10.000	40.000
6	10.000	30.000
7	10.000	20.000
8	10.000	10.000

Geometrisch-degressive Methode

Die geometrisch-degressive Methode geht von sinkenden Abschreibungsbeträgen im Zeitablauf aus. Die Abschreibungsbeträge werden bei dieser Methode durch Anwendung eines konstanten Prozentsatzes w (Abschreibungsquote) auf die jeweiligen Restbuchwerte R_{t-1} ermittelt. Für den Abschreibungsbetrag q_t einer Periode t ergibt sich folgende Bestimmungsgleichung:

$$q_t = \frac{w}{100} \cdot R_{t-1} \qquad \text{für } t = 1, 2, \ldots, T \text{ mit } R_0 = AK$$

Beispiel: Die Allgöwer KG kauft zu Beginn des Jahres 01 für das Büro einen hochwertigen Kopierautomaten zum Preis von 30.000,– netto. Der Kopierautomat soll nach der geometrisch-degressiven Methode mit einer Abschreibungsquote von 20 % sieben Jahre lang auf einen Schrottwert von Null abgeschrieben werden. Der Abschreibungsverlauf ergibt sich bei dieser Methode wie folgt:

t	q_t	Restbuchwert R_t
1	0,2 · 30.000 = 6.000	24.000
2	0,2 · 24.000 = 4.800	19.200
3	0,2 · 19.200 = 3.840	15.360
4	0,2 · 15.360 = 3.072	12.288
5	0,2 · 12.288 = 2.457,60	9.830,40
6	0,2 · 9830,40 = 1.966,08	7.864,32
7	7.864,32	0

Da die geometrisch-degressive Methode niemals zu einem Restwert von Null führen kann, entspricht der Abschreibungsbetrag der letzten Periode T dem Restbuchwert am Ende der Vorperiode (gegebenenfalls abzüglich des Schrottwerts R_T) und weicht damit strukturell von der durch die Methode gegebenen Gesetzmäßigkeit ab.

Digital-degressive Methode

Gleichmäßig fallende Abschreibungsbeträge erhält man durch die digital-degressive Abschreibungsmethode. Zu beachten ist bei dieser Methode, dass – anders als bei der geometrisch degressiven Methode – bei der Berechnung der Abschreibungsbeträge stets von der Abschreibungsbasis AK – RT auszugehen ist. Für die Berechnung der jeweiligen Abschreibungsbeträge gilt folgende Beziehung:

$$q_t = (T - t + 1) \cdot \frac{AK - R_T}{1 + 2 + 3 + \dots T} \qquad \text{für } t = 1, 2, \dots, T$$

Beispiel: Der Milchproduktehersteller Golz beschafft sich zu Beginn des Jahres 01 einen Spezialkühlschrank zu Anschaffungskosten von 16.000,–. Der Kühlschrank soll nach der digital-degressiven Methode abgeschrieben werden. Dabei wird von einer voraussichtlichen Nutzungsdauer von fünf Jahren und einem Schrottwert von 1.000,– ausgegangen. Bei der Berechnung der jährlichen Abschreibungsbeträge geht man wie folgt vor:

Der Quotient $\frac{AK - R_T}{1+2+3+\dots T}$ *, der in der Literatur auch Degressionsbetrag genannt wird, ist für alle Abschreibungsjahre gleich. Im Zähler steht die auf die Jahre der Nutzung zu verteilende Differenz aus Anschaffungskosten und Schrottwert. Im Nenner wird die Quersumme aus den Jahren der Nutzung gebildet. In unserem Beispiel ergibt sich für den Quotienten:*

$$\frac{16.000 - 1.000}{1 + 2 + 3 + 4 + 5} = 1.000$$

Zur Berechnung der jährlichen Abschreibungsbeträge wird der Degressionsbetrag sodann mit den entsprechenden Abschreibungsjahren gewichtet, jedoch in umgekehrter Reihenfolge. Der Abschreibungsverlauf lässt sich wie folgt darstellen:

t	q_t	R_t
1	$5 \cdot 1.000 = 5.000$	11.000
2	$4 \cdot 1.000 = 4.000$	7.000
3	$3 \cdot 1.000 = 3.000$	4.000
4	$2 \cdot 1.000 = 2.000$	2.000
5	$1 \cdot 1.000 = 1.000$	1.000

Leistungsabschreibung

Die Leistungsabschreibung basiert auf der Annahme, dass die Höhe des Werteverzehrs eines Anlagegegenstandes von dessen Leistungsabgabe bestimmt wird. Deshalb muss bei dieser Abschreibungsmethode nicht die Nutzungsdauer, sondern das Leistungspotential des Anlagegegenstandes geschätzt werden. Das Leistungspotential misst sich z.B. an den Maschinenstunden, an der Stückzahl der mit einer Maschine produzierten Güter oder an den gefahrenen Kilometern. Falls mit $\overline{X}$ die insgesamt von dem Vermögensgegenstand zu erwartenden Leistungseinheiten und mit x_t die Zahl der in der Periode t erbrachten Leistungseinheiten bezeichnet werden, errechnet sich der Abschreibungsbetrag q_t in der Periode t nach der Methode der Leistungsabschreibung wie folgt:

$$q_t = (AK - R_T) \cdot \frac{x_t}{\overline{X}} \qquad \text{für } t = 1, 2, \ldots, T$$

Beispiel: Das Speditionsunternehmen Görlitz kauft zu Beginn des Jahres 01 einen neuen LKW zum Anschaffungswert von 42.000,–. Das Unternehmen geht von einer voraussichtlichen Nutzungsdauer von 5 Jahren und einer Gesamtfahrleistung von 200.000 km aus. Der Schrottwert wird mit 2.000,– angegeben. Der LKW soll nach der Methode der Leistungsabschreibung abgeschrieben werden. Die Fahrleistung für die einzelnen Jahre der Nutzung wird wie folgt angenommen:

Jahr 01: 30.000 km

Jahr 02: 50.000 km

Jahr 03: 40.000 km

Jahr 04: 30.000 km

Jahr 05: 50.000 km

Der Abschreibungsverlauf ergibt sich wie folgt:

t	q_t	R_t
1	(42.000 – 2.000) · 30.000 / 200.000 = 6.000	36.000
2	10.000	26.000
3	8.000	18.000
4	6.000	12.000
5	10.000	2.000

Nachdem nun die in der Buchführung gebräuchlichsten Abschreibungsmethoden erläutert wurden, müssen noch einige wichtige Anmerkungen zur Durchführung der Abschreibungen gemacht werden.

In den bisherigen Beispielen zu den Abschreibungsmethoden wurden die Vermögensgegenstände aus Vereinfachungsgründen stets zum Jahresbeginn beschafft. Dies hatte zur Folge, dass sie auch im ersten Jahr mit dem vollen jährlichen Abschreibungsbetrag abzuschreiben waren. Falls ein Vermögensgegenstand hingegen während des Jahres gekauft wird, ist die Abschreibung im Jahr der Anschaffung nur anteilig (»pro rata temporis«) durchzuführen. Wird beispielsweise eine Maschine erst am 1.12. eines Jahres erworben, ist für dieses Anschaffungsjahr die Maschine nur mit 1/12 des entsprechenden jährlichen Abschreibungsbetrages abzuschreiben.

Abschreibung »pro rata temporis«

Steuerrechtlich ist die digital-degressive Methode nicht zugelassen. Hinsichtlich der geometrisch-degressiven Methode gab es in jüngerer Zeit wesentliche steuergesetzliche Änderungen. Bis zum Jahr 2005 (Abschreibungsbeginn) durfte die geometrisch-degressive Methode nur angewendet werden, wenn die Abschreibungsquote das Zweifache der alternativen linearen Abschreibungsquote nicht überschritt und gleichzeitig höchstens 20 % war.

Steuerrechtliche Regelungen

Beispiel: Wird bei einem Vermögensgegenstand von einer Nutzungsdauer von acht Jahren ausgegangen, liegt die entsprechende lineare Abschreibungsquote bei 12,5 % pro Jahr. Gemäß der ersten steuerrechtlichen Einschränkung dürfte damit die Abschreibungsquote nach der geometrisch-degressiven Methode bei 25 % liegen. Da jedoch gemäß der zweiten Restriktion diese Quote 20 % nicht überschreiten darf, kann der Vermögensgegenstand bei Anwendung der geometrisch-degressiven Methode pro Jahr tatsächlich nur mit 20 % abgeschrieben werden.

Für die Jahre 2006 und 2007 wurde die maximale Abschreibungsquote auf das Dreifache der alternativen linearen Abschreibungsquote angehoben (bzw. maximal 30 %). Für ab 2008 angeschaffte und hergestellte bewegliche Wirtschaftsgüter ist die geometrisch-degressive Methode steuerrechtlich nun nicht mehr zulässig.

Prinzip der Methodenstetigkeit

Grundsätzlich gilt bei planmäßigen Abschreibungen das Prinzip der Methodenstetigkeit, d. h. eine für einen Vermögensgegenstand einmal gewählte Abschreibungsmethode ist für die gesamte Nutzungsdauer des Vermögensgegenstandes grundsätzlich beizubehalten. Ausdrücklich durch das Steuerrecht gestattet ist allerdings der Wechsel von der geometrisch-degressiven zur linearen Abschreibungsmethode (nicht umgekehrt), um der oben bereits angesprochenen Problematik der Entstehung eines Restbuchwertes entgegenzuwirken. Praktische Relevanz hat dieser Methodenwechsel allerdings aufgrund der geschilderten steuerrechtlichen Abschaffung der geometrisch-degressiven Methode ab 2008 nur noch, falls mit der Abschreibung vor 2008 begonnen wurde.

Wechsel von der geometrisch-degressiven auf die lineare Abschreibungsmethode (bei Abschreibungsbeginn vor 2008)

Üblicherweise wird der Wechsel von der geometrisch-degressiven auf die lineare Abschreibungsmethode in der Periode vorgenommen, in der der lineare Abschreibungsbetrag zum ersten Mal größer ist als der Abschreibungsbetrag nach der geometrisch-degressiven Methode. Begründen lässt sich diese Vorgehensweise mit dem Wunsch nach Minimierung der Steuerzahlungen. Bei konstanten Steuersätzen lassen sich Steuerzahlungen unter Berücksichtigung von Zinsen und Zinseszinsen dann minimieren, wenn Gewinne möglichst weit in die Zukunft verschoben werden. Es sollte demnach eine Abschreibungsmethode gewählt werden, die möglichst früh hohe (gewinnmindernde) Abschreibungen liefert. Sind zunächst die Abschreibungsbeträge nach der geometrisch-degressiven Methode höher als die linearen Abschreibungsbeträge (dies hängt von der Nutzungsdauer und dem steuerlich maximal zulässigen Prozentsatz w ab), und kehrt sich ab einem bestimmten Zeitpunkt diese Relation aber um, lohnt sich zunächst die Anwendung der geometrisch-degressiven Methode gekoppelt mit dem Umstieg auf das lineare Verfahren ab dem kritischen Zeitpunkt. Zur Verdeutlichung diene wieder das bereits im Zusammenhang mit der geometrisch-degressiven Methode verwendete Beispiel der Allgöwer KG.

Beispiel: Die steuerrechtlich maximal zulässige Abschreibungsquote für den betrachteten Kopierautomaten betrage bei Anwendung der geometrisch-degressiven Methode 20 %. Im Folgenden ist zu prüfen, ab welcher Periode der lineare Abschreibungsbetrag den entsprechen Abschreibungsbetrag nach der geometrisch-degressiven Methode übersteigt.

t	q_t (geometrisch-degressiv, w=0,2)	q_t (linear)	R_t
1	6.000	4.285,71	24.000
2	4.800	4.000	19.200
3	3.840	3.840	15.360
4	3.072	3.840	11.520
5		3.840	7.680
6		3.840	3.840
7		3.840	0

Obige Auswertung zeigt, dass sich ab der vierten Periode der Übergang von der geometrisch-degressiven auf die lineare Abschreibungsmethode lohnt. Der Restbuchwert der dritten Periode wird demnach linear auf die Jahre der Restnutzungsdauer verteilt. Die tatsächlich vorgenommenen Abschreibungen sind im obigen Beispiel hervorgehoben. Zu beachten ist, dass die für den Vergleich verwendeten linearen Abschreibungsbeträge stets ausgehend von dem jeweiligen Restbuchwert und der jeweiligen Restnutzungsdauer zu ermitteln sind.

Geringwertige Wirtschaftsgüter

Bis zum Jahresende 2007 besteht bei so genannten geringwertigen Wirtschaftsgütern (GWG) mit einem Wert von nicht mehr als 410 € (netto nach Abzug der Vorsteuer) gemäß § 6 Abs. 2 EStG die Möglichkeit, diese sofort im Jahr der Anschaffung vollständig abzuschreiben. Bedingung hierfür ist, dass es sich um bewegliche, abnutzbare Güter des Anlagevermögens handelt, die selbständig bewert- und nutzbar sind. Liegen diese Voraussetzungen vor, hat der Bilanzierende das Wahlrecht, die geringwertigen Wirtschaftsgüter sofort in voller Höhe abzuschreiben oder die Kosten der Anschaffung (wie bisher erläutert) auf die Jahre der Nutzung zu verteilen. Im Falle der sofortigen vollständigen Abschreibung müssen allerdings die geringwertigen Wirtschaftsgüter in einem besonderen Verzeichnis erfasst werden.

Ab 2008 wird die Wertgrenze für die vollständige Abschreibungsmöglichkeit geringwertiger Wirtschaftsgüter im Jahr der Anschaffung von 410 € auf 150 € abgesenkt. Wirtschaftsgüter mit einem Anschaffungspreis zwischen 150 € und 1000 € sind in einem Pool zusammenzufassen und nur gemeinsam über fünf Jahre hinweg abzuschreiben. Dieser Abschreibungspool ist nicht veränderbar. Wer also z. B. ein Wirtschaftsgut für 500 € erwirbt und es ein Jahr später verkauft, muss zwar den Erlös buchen, darf aber das im Pool stehende entsprechende Wirtschaftsgut nicht ausbuchen.

Verbuchung der planmäßigen Abschreibungen

Werteverzehr stellt Aufwand dar.

Durch planmäßige Abschreibungen soll der Werteverzehr von abnutzbaren Vermögensgegenständen des Anlagevermögens erfasst werden. Dieser Werteverzehr stellt aus Sicht des Unternehmens Aufwand dar. Zu Beginn ihrer Nutzung werden die Vermögensgegenstände zu Anschaffungs- bzw. Herstellungskosten aktiviert. Die Übernahme der Vermögensgegenstände in die entsprechenden aktiven Bestandskonten findet erfolgsneutral statt. Erst über die planmäßigen Abschreibungen werden die Anschaffungs- bzw. Herstellungskosten aufwandswirksam auf die Nutzungsdauer verteilt.

Die Verbuchung einer Abschreibung muss demnach zum einen zu einer Verminderung des Bestandes im entsprechenden Aktivkonto führen und zum anderen ein Aufwandskonto betreffen. Grundsätzlich stehen mit der direkten und der indirekten Methode zwei Möglichkeiten der Verbuchung von planmäßigen Abschreibungen zur Verfügung.

Direkte Methode

Bei der direkten Methode erfolgt die Verbuchung der Abschreibung direkt auf der Habenseite des entsprechenden Anlagenkontos. Die Gegenbuchung findet in Abhängigkeit von der Art des Vermögensgegenstandes auf speziellen Aufwandskonten mit den Bezeichnungen »Abschreibungen auf Sachanlagen« oder »Abschreibungen auf immaterielle Vermögensgegenstände« statt. Der Buchungssatz für die planmäßige Abschreibung einer Maschine lautet demnach z. B.:

Abschreibungen auf Sachanlagen an Maschinen

Zur Verdeutlichung der mit einer Abschreibung verbundenen Kontenbewegungen diene nachstehendes Beispiel:

Beispiel: Die Fichtel KG, Hersteller von Sanitäranlagen, kauft sich zu Beginn des Jahres 01 eine neue Fertigungsmaschine zum Anschaffungswert von 20.000,–. Die Maschine soll über fünf Jahre linear auf einen Schrottwert von Null abgeschrieben werden.

Die Maschine wird zu Beginn des Anschaffungsjahrs 01 mit dem Anschaffungswert von 20.000,– auf das Konto »Maschinen« gebucht. Am Ende des Jahres 01 wird die Maschine zum ersten Mal um 4.000,– abgeschrieben. Der entsprechende Buchungssatz, der sich am Ende der folgenden vier Jahren stets wiederholt, lautet:

Abschreibungen auf Sachanlagen an Maschinen 4.000,–

Auf den betroffenen Konten schlägt sich der Geschäftsvorfall im Jahr 01 wie folgt nieder:

Soll	*Maschinen*		*Haben*
Anfangsbestand	*0*	*Abschreibungen*	*4.000*
Zugang	*20.000*	*SBK*	*16.000*

Soll	*Abschreibung auf Sachanlagen*		*Haben*
Maschinen	*4.000*	*GuV (Saldo)*	*4.000*

Indirekte Methode

Auch bei Anwendung der indirekten Methode findet die Verbuchung der Abschreibung auf oben genannten Aufwandskonten statt. Die Gegenbuchung erfolgt allerdings nicht direkt auf den betroffenen Anlagenkonten, sondern auf den passiven Bestandskonten »Wertberichtigung zu Sachanlagen« bzw. »Wertberichtigung zu immateriellen Vermögensgegenständen«. Der Buchungssatz für die planmäßige Abschreibung einer Maschine hat demnach folgendes Aussehen:

Abschreibungen auf Sachanlagen an Wertberichtigung zu Sachanlagen

Wertberichtigungskonto

Um den Umgang mit diesem Wertberichtigungskonto zu verdeutlichen, wird wieder auf obiges Beispiel der Fichtel KG zurückgegriffen:

Bei Anwendung der indirekten Abschreibungsmethode lautet der von der Fichtel KG durchzuführende Buchungssatz am Ende des Jahres 01 (und auch am Ende der folgenden vier Jahre):

Abschreibungen auf Sachanlagen	*an*	*Wertberichtigung zu Sachanlagen*	*4.000*

Kontenmäßige Darstellung für das Jahr 01:

Soll	*Maschinen*		*Haben*
Anfangsbestand	*0*	*SBK*	*20.000*
Zugänge	*20.000*		

Soll	*Abschreibung auf Sachanlagen*		*Haben*
Wertberichtigung zu Sachanlagen	*4.000*	*GuV (Saldo)*	*4.000*

Soll	*Wertberichtigung zu Sachanlagen*		*Haben*
SBK	*4.000*	*Anfangsbestand*	*0*
		Abschreibungen	*4.000*

Da bei der Methode der indirekten Abschreibung auf dem Anlagenkonto keine Abschreibungsverbuchungen vorgenommen werden, wird der betreffende Vermögensgegenstand bis zum Ende der Nutzungsdauer bzw. bis zu seinem Ausscheiden aus dem Unternehmen im Anlagenkonto zu Anschaffungs- bzw. Herstellungskosten geführt.

Im Wertberichtigungskonto werden die auf das abnutzbare Anlagevermögen vorgenommenen planmäßigen Abschreibungen gesammelt. Das Wertberichtigungskonto zeigt somit die bis zum Betrachtungszeitpunkt durchgeführten Abschreibungen in kumulierter Form auf. Dies bedeutet aber auch, dass beim Ausscheiden eines indirekt abgeschriebenen Vermögensgegenstandes aus dem Unternehmen die in der Zwischenzeit für diesen Vermögensgegenstand gebildeten Wertberichtigungen aufzulösen sind. Der damit verbundene Buchungssatz lautet (dargestellt am Beispiel einer bisher indirekt abgeschriebenen Maschine):

Wertberichtigung zu Sachanlagen an Maschinen

Der Restbuchwert des betreffenden Vermögensgegenstandes ergibt sich folglich durch einen Vergleich seiner Anschaffungs- bzw. Herstellungskosten mit den kumulierten Abschreibungen.

Die Auflösung der im Zeitablauf für einen Vermögensgegenstand gebildeten Wertberichtigung ist auch dann vorzunehmen, wenn die angesetzte Nutzungsdauer des Vermögensgegenstandes abgelaufen ist. Obiger Buchungssatz ist entsprechend auch für diesen Fall gültig.

Es ist zu beachten, dass gemäß § 268 Abs. 2 HGB Kapitalgesellschaften der Abschreibungsausweis nach der indirekten Methode im Jahresabschluss nicht gestattet ist. Falls im Rahmen der Buchführung nach der indirekten Methode abgeschrieben wird, sind demnach für Zwecke des Jahresabschlusses entsprechende Umgliederungen vorzunehmen.

In den folgenden Abschnitten soll erläutert werden, wie im Falle eines Verkaufs von Gegenständen des abnutzbaren Anlagevermögens deren Ausbuchung vorzunehmen ist. Buchungstechnisch interessant sind insbesondere die Konstellationen, in denen Nettoverkaufserlöse und Restbuchwerte nicht übereinstimmen.

Ausbuchung eines Vermögensgegenstandes

Die Ausbuchung eines Vermögensgegenstandes geschieht nur dann erfolgsneutral, wenn der Nettoverkaufserlös und der Restbuchwert des Vermögensgegenstandes genau gleich sind. Liegt der Nettoverkaufserlös für einen Vermögensgegenstand über dessen Restbuchwert, entsteht ein Veräußerungsgewinn, der auf dem Konto »sonstige betriebliche Erträge« einzutragen ist. Wird mit dem Verkauf des Vermögensgegenstandes ein Nettoerlös erzielt, der geringer ist als der Restbuchwert, ist der entstehende Veräußerungsverlust über das Konto »sonstige betriebliche Aufwendungen« zu erfassen.

In folgendem Beispiel sollen diese verschiedenen Konstellationen buchungstechnisch unter Einbeziehung der direkten und der indirekten Abschreibungsmethode durchgespielt werden.

Beispiel: Zu Beginn des Jahres 01 erwirbt die Vogts GmbH eine Spezialbohrmaschine zum Nettopreis von 21.000,–. Die Maschine wird linear abgeschrieben. Es wird von einer Nutzungsdauer von fünf Jahren und einem Schrottwert von 1.000,– ausgegangen. Zu Beginn des Jahres 04 wird die Maschine zu einem Preis (netto) von

a) 9.000,–

b) 15.000,–

c) 4.000,–

bar verkauft.

Der jährliche Abschreibungsbetrag ergibt sich als

$$q_t = \frac{21.000 - 1.000}{5} = 4.000 \quad \text{für } t = 1, 2, \ldots, 5$$

Am Ende der Jahre 01 bis 03 wurden folgende Abschreibungsverbuchungen vorgenommen:

Für den Fall, dass nach der direkten Methode abgeschrieben wird:

Abschreibungen auf Sachanlagen an Maschinen 4.000,–

Für den Fall, dass nach der indirekten Methode abgeschrieben wird:

Abschreibungen	*an*	*Wertberichtigung*	
auf Sachanlagen		*zu Sachanlagen*	*4.000,–*

Zu Beginn des Jahres 04 hat die Maschine damit einen Restbuchwert von 21.000,– – 3 · 4.000,– = 9.000,–. Die Buchungssätze zur Ausbuchung der Maschine lauten also:

a)

Wurde nach der direkten Methode abgeschrieben (der Restbuchwert von 9.000,– ist im Konto Maschinen direkt ablesbar):

Kasse	*10.710,–*
an Maschinen	*9.000,–*
Umsatzsteuer	*1.710,–*

Wurde nach der indirekten Methode abgeschrieben:

Zunächst Auflösung der Wertberichtigung (im Wertberichtigungskonto haben sich in drei Jahren für die Maschine 12.000,– Wertberichtigung angesammelt, die auf das Konto »Maschinen« umgebucht werden):

Wertberichtigung zu Sachanlagen an Maschinen 12.000,–

Der Buchungssatz für den Verkauf folgt in einem zweiten Schritt (aufgrund der Auflösung der Wertberichtigung ergibt sich als Restbuchwert für die Maschine 9.000,–):

Kasse		*10.710,–*
an	*Maschinen*	*9.000,–*
	Umsatzsteuer	*1.710,–*

b)

Wurde nach der direkten Methode abgeschrieben:

Kasse		*17.850,–*
an	*Maschinen*	*9.000,–*
	Umsatzsteuer	*2.850,–*
	Sonstige betriebliche Erträge	*6.000,–*

Da die Maschine einen Restbuchwert von 9.000,– aufweist, jedoch für sie ein Verkaufserlös von 15.000,– erzielt wird, entsteht aus Sicht der Unternehmung ein Veräußerungsgewinn von 6.000,–, der über das Konto »Sonstige betriebliche Erträge« zu verbuchen ist.

Wurde nach der indirekten Methode abgeschrieben:

Wertberichtigung zu Sachanlagen an Maschinen 12.000,–

Kasse		*17.850,–*
an	*Maschinen*	*9.000,–*
	Umsatzsteuer	*2.850,–*
	Sonstige betriebliche Erträge	*6.000,–*

c)

Wurde nach der direkten Methode abgeschrieben:

Kasse		*4.760,–*
Sonstige betriebliche Aufwendungen		*5.000,–*
an	*Maschinen*	*9.000,–*
	Umsatzsteuer	*760,–*

Nun wird die Maschine unter dem Restbuchwert veräußert. Es resultiert ein Veräußerungsverlust in Höhe von 5.000,–, der über das Konto »Sonstige betriebliche Aufwendungen« zu verbuchen ist.

Wurde nach der indirekten Methode abgeschrieben:

Wertberichtigung zu Sachanlagen an		*Maschinen*	*12.000,–*
Kasse		*4.760,–*	
Sonstige betriebliche Aufwendungen		*5.000,–*	
an	*Maschinen*	*9.000,–*	
	Umsatzsteuer	*760,–*	

3.2 Außerplanmäßige Abschreibungen

Im Gegensatz zu den planmäßigen Abschreibungen, bei denen künftig erwartete Wertminderungen über bestimmte Abschreibungsmethoden wiedergegeben werden, erfassen außerplanmäßige Abschreibungen die Wertverluste von Vermögensgegenständen, die aufgrund unerwarteter Ereignisse eintreten (z. B. der Totalschaden eines Firmenfahrzeuges, Brand eines Geschäftsgebäudes). Außerplanmäßige Abschreibungen sind nicht nur beim abnutzbaren Anlagevermögen, sondern auch beim nicht abnutzbaren Anlagevermögen und beim Umlaufvermögen vorzunehmen.

Wertverluste aufgrund unerwarteter Ereignisse

Die Notwendigkeit außerplanmäßiger Abschreibungen folgt aus dem Niederstwertprinzip, welches für Umlaufvermögen und Anlagevermögen verschiedene Ausprägungen besitzt:

- Im Umlaufvermögen müssen gemäß § 253 Abs. 3 HGB alle Wertminderungen von Vermögensgegenständen zum Bilanzstichtag durch entsprechende Verminderungen der in der Bilanz angesetzten Werte berücksichtigt werden (strenges Niederstwertprinzip).
- Im Anlagevermögen besteht gemäß § 253 Abs. 2 Satz 3 HGB eine derartige Abwertungspflicht nur bei einer voraussichtlich dauernden Wertminderung der Vermögensgegenstände. Sofern eine nur vorübergehende Wertminderung vorliegt, hat der Bilanzierende ein Abwertungswahlrecht (gemildertes Niederstwertprinzip).

Strenges Niederstwertprinzip

Gemildertes Niederstwertprinzip

Um die Notwendigkeit außerplanmäßiger Abschreibungen zu erkennen, müssen die – gegebenenfalls um planmäßige Abschreibungen verringerten – Anschaffungs- bzw. Herstellungskosten stets mit den Zeitwerten (aktuelle Börsen- oder Marktpreise) der Vermögensgegenstände verglichen werden.

Buchungstechnisch werden außerplanmäßige Abschreibungen auf einem eigenen Aufwandskonto erfasst. Zur Verdeutlichung diene nachstehendes Beispiel:

Beispiel: Die Nowotny KG kauft zu Beginn des Jahres 01 eine Maschine zu Anschaffungskosten von 50.000,–. Die voraussichtliche Nutzungsdauer der Maschine beträgt vier Jahre. Die Maschine wird linear abgeschrieben. Zu Beginn des Jahres 03 wird die Maschine durch ein Feuer so schwer beschädigt, dass sie von der Nowotny KG nicht mehr genutzt werden kann. Einen Markt für die beschädigte Maschine gibt es nicht.

Dieses Ereignis wird von der Buchführung wie folgt berücksichtigt:

Zu Beginn des Jahres 03 hat die Maschine aufgrund der zweimaligen planmäßigen Abschreibung (Abschreibungsbetrag pro Jahr 12.500,–) zunächst einen Restbuchwert von 25.000,–. Da die Maschine aufgrund des Schadens nicht mehr genutzt und auch nicht verkauft werden kann, muss eine außerplanmäßige Abschreibung in Höhe von 25.000,– auf den Wert 0,– erfolgen. Der Buchungssatz lautet:

Außerplanmäßige Abschreibung an Maschinen 25.000,–

4. Forderungsabschreibungen

Forderungen entstehen, wenn Waren auf Ziel verkauft werden. Auch Forderungen können in ihrem Wert gemindert werden. Als Position des Umlaufvermögens werden Forderungen jedoch nicht planmäßig, sondern nur außerplanmäßig abgeschrieben.

Strenges Niederstwertprinzip

Im Umlaufvermögen gilt gemäß § 253 Abs. 3 HGB das strenge Niederstwertprinzip, wonach alle Wertminderungen von Vermögensgegenständen zum Bilanzstichtag durch entsprechende Verminderungen der in der Bilanz angesetzten Werte berücksichtigt werden müssen. Forderungen sind demnach in der Bilanz entweder mit ihrem Nennwert (entspricht den Anschaffungskosten) oder mit dem zum Bilanzstichtag geltenden niedrigeren Zeitwert anzusetzen. Eine außerplanmäßige Abschreibung auf Forderungen ist vorzunehmen, wenn sich am Bilanzstichtag herausstellt, dass die Forderungen endgültig uneinbringlich sind (so genannte uneinbringliche Forderungen) oder mit einiger Wahrscheinlichkeit ausfallen werden (so genannte zweifelhafte Forderungen).

Außerplanmäßige Abschreibung auf Forderungen

Hinsichtlich der Verbuchung von Forderungsabschreibungen hat sich in der Buchführung die Vorgehensweise durchgesetzt, uneinbringliche Forderungen nach der direkten und zweifelhafte Forderungen nach der indirekten Abschreibungsmethode zu erfassen.

4.1 Direkte Abschreibung bei uneinbringlichen Forderungen

Uneinbringliche Forderungen, die z. B. durch die Insolvenz eines Schuldners entstehen, werden unmittelbar aus dem Forderungskonto ausgebucht. Als Gegenkonto der Buchung dient das Aufwandskonto »Abschreibungen auf Forderungen«. Für die im abzuschreibenden Forderungsbetrag enthaltene Umsatzsteuer ist eine entsprechende Berichtigung auf dem Umsatzsteuerkonto vorzunehmen.

Beispiel: Der Lederhändler Riedle hat gegenüber dem Kunden Förster eine Forderung in Höhe von 1.740,– (brutto). Am 01.12. muss Förster Insolvenz anmelden. Die Forderung von Riedle ist uneinbringlich.

Buchungssatz:

Abschreibungen auf Forderungen		*1.500,–*
Umsatzsteuer		*285,–*
an	*Forderungen*	*1.785,–*

Die Buchung auf der Habenseite des Forderungskontos führt dazu, dass sich der Forderungsbestand um den Betrag der ausgebuchten Forderung verringert. Die Umsatzsteuerzahllast nimmt um die auf der Sollseite des Umsatzsteuerkontos vorgenommene Korrektur ab.

4.2 Einzelwertberichtigung bei zweifelhaften Forderungen

Indirekte Abschreibungsmethode

Auch zweifelhafte Forderungsbeträge sind durch Abschreibungen zu korrigieren. Als zweifelhaft hat ein Unternehmen z. B. dann eine Forderung zu klassifizieren, wenn es Kenntnis von schwerwiegenden Zahlungsschwierigkeiten des Schuldners erhalten hat. Zweifelhafte Forderungen werden gemäß der indirekten Abschreibungsmethode abgeschrieben, d. h. die Wertminderung wird nicht unmittelbar in das Forderungskonto eingetragen, sondern in einem Wertberichtigungskonto erfasst. Dieser Vorgang der indirekten Abschreibung von Forderungen wird in der Buchführung auch als Einzelwertberichtigung von Forderungen bezeichnet.

Da der Forderungsausfall lediglich geschätzt wird, also noch nicht endgültig feststeht, darf mit der Verbuchung nur der Nettobetrag einer als zweifelhaft angesehenen Forderung berichtigt werden. Die Korrektur der Umsatzsteuer wird erst bei tatsächlichem Forderungsausfall vorgenommen.

Beispiel: Die Großgärtnerei Netzer erfährt am Ende des Jahres 01, dass ihr Kunde Delling Liquiditätsprobleme hat und deshalb eine Forderung gegenüber Delling in Höhe von 2.975,– (brutto) zu 40 % ausfallbedroht ist.

Der Nettobetrag der Forderung gegenüber Delling ist 2.500,–. Da Netzer mit einem Forderungsausfall von 40 % rechnet, hat er eine Einzelwertberichtigung auf diese Forderung in Höhe von 0,4 · 2.500,– = 1.000,– vorzunehmen und diese auf dem Wertberichtigungskonto »Einzelwertberichtigung zu Forderungen« zu erfassen. Der Buchungssatz lautet also:

Abschreibungen auf Forderungen	*an*	*Einzelwertberichtigung zu Forderungen*	*1.000,–*

Zahlungseingang in einem folgenden Jahr

Der Ansatz zweifelhafter Forderungen erfolgt auf der Basis geschätzter Ausfallquoten. Erst der Zahlungseingang in einem darauf folgenden Jahr zeigt, in wie weit der tatsächliche Forderungsausfall der ursprünglich vorgenommenen Einzelwertberichtigung entspricht. Grundsätzlich sind diesbezüglich drei Fälle möglich:

Fall 1: Der Zahlungseingang stimmt exakt mit dem wertberichtigten Forderungsbetrag überein.

Fall 2: Der Zahlungseingang ist kleiner als der wertberichtigte Forderungsbetrag.

Fall 3: Der Zahlungseingang ist größer als der wertberichtigte Forderungsbetrag.

In den beiden Fällen, in denen der tatsächliche Forderungsausfall nicht dem ursprünglich geschätzten entspricht, sind zum Zeitpunkt des Zahlungseingangs entsprechende erfolgswirksame Korrekturen vorzunehmen. Da mit dem Zahlungseingang die endgültige Entgeltsminderung feststeht, sind nun außerdem in allen drei Fällen die Umsatzsteuerverbindlichkeiten zu berichtigen.

In Fortführung des obigen Beispiels der Großgärtnerei Netzer soll im Folgenden die buchungstechnische Abwicklung der drei dargestellten Fälle erläutert werden.

Fall 1: Am 15.02.02 überweist Delling 60 % der Bruttoforderung, also 1.785,–, auf das Bankkonto von Netzer. Die Vermutung, dass die Forderung zu 40 % ausfällt, hat sich damit bestätigt.

Buchung des Zahlungseingangs:

Bank an Forderungen 1.785,–

Der uneinbringliche (Netto-)Anteil der Forderungen ist mit der in 01 gebildeten Einzelwertberichtigung zu verrechnen. Außerdem ist die Umsatzsteuer zu korrigieren. Der dazugehörige Buchungssatz lautet:

Einzelwertberichtigung auf Forderungen	*1.000,–*
Umsatzsteuer	*190,–*
an Forderungen	*1.190,–*

Fall 2: Am 15.02.02 überweist Delling nur 50 % der Bruttoforderung, also 1.478,50, auf das Bankkonto von Netzer. Im Jahr 01 wurde demnach mit einem zu niedrigen Forderungsausfall gerechnet.

Buchung des Zahlungseingangs:

Bank an Forderungen 1.478,50

Der uneinbringliche (Netto-)Anteil der Forderungen ist zunächst mit der in 01 gebildeten Einzelwertberichtigung zu verrechnen. Da der tatsächliche Forderungsausfall jedoch größer ist als die bisher vorgenommene Einzelwertberichtigung, wird der Restbetrag auf das Konto »Sonstige betriebliche Aufwendungen« gebucht. Die Umsatzsteuerkorrektur ist entsprechend der tatsächlichen Ausfallquote von 50 % vorzunehmen. Der Buchungssatz lautet:

Einzelwertberichtigung auf Forderungen		*1.000,–*
Umsatzsteuer		*237,50*
Sonstige betriebliche Aufwendungen		*250,–*
an	*Forderungen*	*1.487,50*

Fall 3: Am 15.02.02 überweist Delling 80 % der Bruttoforderung, also 2.380,–. Im Jahr 01 wurde demnach mit einem zu hohen Forderungsausfall gerechnet.

Buchung des Zahlungseingangs:

Bank an Forderungen	*2.380,–*

Zunächst ist wieder der (Netto-)Anteil der Forderungen mit der in 01 gebildeten Einzelwertberichtigung zu verrechnen. In Fall 3 ist jedoch der tatsächliche Forderungsausfall geringer als die vorgenommene Einzelwertberichtigung, so dass ein Differenzbetrag verbleibt, der auf das Konto »Sonstige betriebliche Erträge« zu buchen ist. Die Umsatzsteuer wird entsprechend der tatsächlichen Ausfallquote von 20 % berichtigt. Damit ist nachstehende Buchung vorzunehmen:

Einzelwertberichtigung auf Forderungen		*1.000,–*
Umsatzsteuer		*95,–*
an	*Forderungen*	*595,–*
	Sonstige betriebliche Erträge	*500,–*

4.3 Pauschalwertberichtigung

Unternehmen führen am Geschäftsjahresende neben der oben beschriebenen Einzelwertberichtigung auch eine so genannte Pauschalwertberichtigung von Forderungen durch. Bei der Pauschalwertberichtigung werden mit Hilfe eines pauschalen Prozentsatzes, der das allgemeine Kreditrisiko eines Unternehmens zum Ausdruck bringen soll, Abschreibungen auf den gesamten Forderungsbestand vorgenommen. Hiermit soll der Tatsache Rechnung getragen werden, dass Forderungen immer einem gewissen Ausfallrisiko unterliegen.

Allgemeines Kreditrisiko eines Unternehmens

Der im Rahmen der Pauschalwertberichtigung anzusetzende Prozentsatz wird unter Berücksichtigung betriebs- und branchenbezogener

Erfahrungswerte geschätzt. Er ist lediglich auf den Nettobetrag des Forderungsbestandes anzuwenden, da eine Korrektur der Umsatzsteuer erst bei tatsächlichem Forderungsausfall vorgenommen werden kann. Bei der Berechnung des Pauschalwertberichtigungsbetrages ist außerdem zu beachten, dass zur Vermeidung von »doppelten Wertberichtigungen« der Gesamtforderungsbestand um die bereits einzelwertberichtigten Forderungen zu reduzieren ist.

Die Pauschalwertberichtigung wird in einem eigenen Konto erfasst. Als Gegenkonto der Buchung dient wieder das Aufwandskonto »Abschreibungen auf Forderungen«.

Beispiel: Der Handyhersteller Briegel möchte am Periodenende auf seinen Forderungsbestand eine Pauschalwertberichtigung von 3 % bilden. Der gesamte Forderungsbestand beläuft sich auf 261.800,– (brutto). Zum Forderungsbestand gehört auch eine bereits einzelwertberichtigte Forderung gegenüber dem Kunden Reinders mit einem Nennwert von 11.900,– (brutto).

Berechnung des Pauschalwertberichtigungsbetrages:

	Gesamtbetrag Forderungen (brutto)	*261.800,–*
-	*Bereits einzelwertberichtigte Forderungen*	*11.900,–*
	Pauschal zu berichtigender Forderungsbetrag (brutto)	*249.900,–*
⇒	*Pauschal zu berichtigender Forderungsbetrag (netto)*	*210.000,–*
⇒	*Pauschalwertberichtigung von 3 %*	*6.300,–*

Buchungssatz:

Abschreibungen auf Forderungen	*an*	*Pauschalwertberichtigung zu Forderungen*	*6.300,–*

5. Rechnungsabgrenzungsposten

Periodengerechte Erfolgsermittlung

Antizipative und transitorische Rechnungsabgrenzungsposten tragen dazu bei, dass Aufwendungen und Erträge den Geschäftsjahren zugeordnet werden, die sie wirtschaftlich verursacht haben. Sie gewährleisten damit eine periodengerechte Erfolgsermittlung.

5.1 Antizipative Rechnungsabgrenzung

Antizipative Rechnungsabgrenzungsposten betreffen alle Geschäftsvorfälle, bei denen ein Ertrag beziehungsweise ein Aufwand einem Zeitraum des abgelaufenen Geschäftsjahres zuzuordnen ist, die dazugehörigen Zahlungsvorgänge aber erst nach dem Bilanzstichtag erfolgen. Sie sind als Sonstige Forderungen beziehungsweise Sonstige Verbindlichkeiten in der Bilanz auszuweisen. Der Ansatz dieser Positionen gewährleistet, dass Aufwendungen und Erträge des abzuschließenden Geschäftsjahres, die erst in Folgejahr bezahlt werden, bereits im abzuschließenden Geschäftsjahr erfolgswirksam erfasst werden.

Sonstige Forderungen

Sonstige Forderungen sind folglich anzusetzen, wenn der Ertrag einem Zeitraum des bereits abgelaufenen Geschäftsjahres zuzurechnen ist, die entsprechende Zahlung aber erst nach dem Bilanzstichtag stattfindet.

Beispiel: Die Firma Hölzenbein vermietet Wohnungen. Ein Mieter überweist die Miete für den Dezember 01 in Höhe von 500,– erst im Januar 02.

Buchung im Jahr 01 (erfolgswirksame Verbuchung des Mietertrags):

Sonstige Forderungen an Mietertrag 500,–

Buchung im Jahr 02 (Erhalt der Mietzahlung):

Bank an Sonstige Forderungen 500,–

Sonstige Verbindlichkeiten

Der Ansatz von Sonstigen Verbindlichkeiten erfolgt dann, wenn der Aufwand einem Zeitraum des bereits abgelaufenen Geschäftsjahres zuzuordnen ist, die dazugehörige Zahlung jedoch erst nach dem Bilanzstichtag durchgeführt wird.

Beispiel: Die Firma Schuster überweist die Dezembermiete für ihre Geschäftsräume in Höhe von 1.500,– erst im Januar 02.

Buchung im Jahr 01 (erfolgswirksame Verbuchung des Mietaufwands):

Mietaufwand an Sonstige Verbindlichkeiten 1.500,–

Buchung im Jahr 02 (Überweisung der Miete) :

Sonstige Verbindlichkeiten an Bank 1.500,–

5.2 Transitorische Rechnungsabgrenzung

Die Bildung von transitorischen Rechnungsabgrenzungsposten ist erforderlich, wenn die Zahlungsvorgänge in der Abrechungsperiode erfolgen, ihre erfolgswirksame Verrechnung jedoch erst nach dem Bilanzstichtag stattfindet. Mit Hilfe von Aktiven und Passiven Rechnungsabgrenzungsposten werden im laufenden Geschäftsjahr getätigte Zahlungen, deren Verursachungsgrund jedoch im folgenden Geschäftsjahr liegt, vom laufenden Geschäftsjahr abgegrenzt.

- Aktive Rechnungsabgrenzungsposten sind gemäß § 250 Abs. 1 HGB anzusetzen bei Ausgaben vor dem Bilanzstichtag, soweit sie Aufwand für eine bestimmte Zeit nach diesem Tag darstellen.

Aktive Rechnungsabgrenzungsposten

- Als passive Rechnungsabgrenzungsposten sind gemäß § 250 Abs. 2 HGB Einnahmen vor dem Bilanzstichtag auszuweisen, soweit sie Ertrag für eine bestimmte Zeit nach diesem Tag darstellen.

Passive Rechnungsabgrenzungsposten

Voraussetzung für die Bildung transitorischer Rechnungsabgrenzungsposten ist, dass Anfangs- und Endzeitpunkt der Rechnungsabgrenzung genau festliegen, und außerdem für jede Teilperiode dieses Zeitraums die Gegenleistung genau bestimmt werden kann. Für die Rechnungsabgrenzung in Betracht kommen z. B. Mietzahlungen, Versicherungsprämien, Zinszahlungen und Provisionen.

Rechnungsabgrenzungsposten sind keine Vermögensgegenstände oder Schulden. Sie haben lediglich den Charakter von Korrekturgrößen zum Zwecke der periodengerechten Gewinnermittlung und müssen im Laufe der Folgejahre wieder aufgelöst werden.

Korrekturgrößen zum Zwecke der periodengerechten Gewinnermittlung

Wie Aktive und Passive Rechnungsabgrenzungsposten buchungstechnisch zu erfassen, soll an Beispielen verdeutlicht werden.

Beispiel zum Aktiven Rechnungsabgrenzungsposten (ARAP):

Die Firma Wimmer überweist am 01.10.01 die Miete für ihr Büro für ein halbes Jahr im Voraus. Überweisungsbetrag: 3.000,–

01.10.01: Verbuchung der Mietzahlung:

Mietaufwand an Bank 3.000,–

31.12.01: Einstellung des Mietaufwands, der den Zeitraum vom 01.01.02 bis zum 31.03.02 betrifft (50 % von 3.000,–), in den Aktiven Rechnungsabgrenzungsposten:

Aktiver Rechnungsabgrenzungsposten an Mietaufwand 1.500,–

Die restliche Miete über 1.500,– für den Zeitraum vom 01.10.01 bis zum 31.12.01 wurde wirtschaftlich durch das Jahr 01 verursacht und ist deshalb diesem Jahr als Aufwand anzulasten.

Jahr 02: Auflösung des Rechnungsabgrenzungspostens (der abgegrenzte Betrag von 1.500,– wird wirtschaftlich durch das Jahr 02 verursacht und ist daher diesem Jahr aufwandswirksam zuzurechnen):

Mietaufwand an Aktiver Rechnungsabgrenzungsposten 1.500,–

Beispiel zum Passiven Rechnungsabgrenzungsposten (PRAP):

Die Firma Maier vermietet eine nicht genutzte Lagerhalle an einen örtlichen Verein. Am 01.11.01 erhält sie 300,– Miete in bar für ein halbes Jahr im Voraus.

01.11.01: Verbuchung der Mietzahlung:

Kasse an Mietertrag 300,–

31.12. 01: Umbuchung des Mietertrags, der das Jahr 02 betrifft (2/3 von 300,–), in den Passiven Rechnungsabgrenzungsposten:

Mietertrag an Passiver Rechnungsabgrenzungsposten 200,–

Jahr 02: Auflösung des Rechnungsabgrenzungspostens (der abgegrenzte Mietertrag wird auf das Jahr 02 übertragen):

Passiver Rechnungsabgrenzungsposten an Mietertrag 200,–

Die Fälle der Rechnungsabgrenzung in der Übersicht			
Merkmal	**im alten Jahr**	**im neuen Jahr**	**Bilanzposition**
noch zu erhalten	Ertrag	Zahlung	sonstige Forderungen
noch zu entrichten	Aufwand	Zahlung	sonstige Verbindlichkeiten
im Voraus entrichtet	Zahlung	Aufwand	aktiver Rechnungsabgrenzungsposten
im Voraus erhalten	Zahlung	Ertrag	passiver Rechnungsabgrenzungsposten

6. Rückstellungen

Rückstellungen werden auf der Passivseite der Bilanz ausgewiesen. In § 249 HGB wird abschließend aufgezählt, für welche Zwecke Rückstellungen im Jahresabschluss gebildet werden müssen beziehungsweise dürfen. Die Erläuterung aller dort aufgeführten Rückstellungsformen würde den Rahmen eines einführenden Lehrbuches zur Buchführung sprengen. In diesem Abschnitt soll daher nur in einer sehr grundsätzlichen Art und Weise auf den Charakter von Rückstellungen und deren buchhalterische Behandlung eingegangen werden.

Unsichere Schulden

Rückstellungen werden gemeinhin als unsichere Schulden bezeichnet, wobei sich die Unsicherheit auf das tatsächliche Bestehen, die Höhe und/oder den Fälligkeitstag der Schulden bezieht.

Abgrenzungsposten

Darüber hinaus werden Rückstellungen aber auch als eine Art Abgrenzungsposten angesehen für solche Aufwendungen, die in einer bereits abgelaufenen Rechnungsperiode verursacht wurden, aber erst in Zukunft zu Ausgaben führen.

Um diese beiden Ausprägungen des Rückstellungsbegriffes zu verdeutlichen, wird im Folgenden auf das häufig in der Literatur genannte Beispiel der Rückstellungen für Prozessrisiken zurückgegriffen.

Beispiel: Ein Kunde ist Anfang Dezember des Jahres 01 auf dem trotz Glatteis nicht gestreuten Betriebsgelände des Spediteurs Körbel ausgerutscht und hat sich dabei den Arm gebrochen. Der Kunde teilt Körbel noch vor Jahresende mit, dass er einen Prozess anstreben und Körbel auf Schmerzensgeld verklagen wird. Der Prozess wird vermutlich im Jahre 02 stattfinden. Körbel schätzt die auf ihn zukommenden Prozesskosten (inklusive der Schmerzensgeldzahlung) im Falle einer Niederlage auf insgesamt 2.000,–.

Körbel hat deshalb eine Rückstellung für Prozessrisiken im Jahre 01 zu bilden, weil ihm aus einem Prozess Ausgaben in nicht bekannter Höhe drohen, deren Ursache im Jahre 01 liegt. Er weiß nicht sicher, ob er gewinnen oder verlieren wird, und zudem ist offen, wie lange der Prozess dauern wird.

Die im Jahre 02 (oder später) anfallenden Ausgaben werden durch Bildung einer Rückstellung (hier: »Rückstellungen für Prozessrisiken«) zu Lasten des Aufwandskontos »Zuführungen zu Rückstellungen« dem abgelaufenen Geschäftsjahr 01 zugerechnet. Der entsprechende Buchungssatz lautet demnach:

Zuführungen zu Rückstellungen	*an*	*Rückstellungen für Prozessrisiken*	*2.000,–*

Auflösung der Rückstellung

In wie weit der Rückstellungsbetrag richtig geschätzt wurde, zeigt sich erst in den Folgejahren bei der effektiven Inanspruchnahme des Unternehmens. Werden die tatsächlich entstehenden Verbindlichkeiten beglichen, hat auch die Auflösung der Rückstellung zu erfolgen. Grundsätzlich sind diesbezüglich drei Fälle zu unterscheiden:

Fall 1: Die Verbindlichkeit stimmt exakt mit dem Rückstellungsbetrag überein.

Fall 2: Die Verbindlichkeit ist kleiner als der Rückstellungsbetrag.

Fall 3: Die Verbindlichkeit ist größer als der Rückstellungsbetrag.

Wurde die Rückstellung zu hoch angesetzt, so ist der Schätzfehler über das Konto »Sonstige betriebliche Erträge« auszubuchen. Ist die Verbindlichkeit größer als der Rückstellungsbetrag, entsteht in Höhe der Differenz ein sonstiger betrieblicher Aufwand.

Im Folgenden soll in Fortführung des obigen Beispiels des Spediteurs Körbel die buchungstechnische Abwicklung der drei dargestellten Fälle erläutert werden.

Fall 1: Das Prozessurteil wird im Jahr 02 gesprochen. Körbel erwachsen aus dem Prozess Verbindlichkeiten in Höhe von 2.000,–, welche er per Banküberweisung begleicht.

Buchungssatz zur Auflösung der Rückstellung:

Rückstellungen für Prozessrisiken an Bank 2.000,–

Fall 2: Nun soll davon ausgegangen werden, dass die durch das Urteil entstehenden Verbindlichkeiten nur 1.500,– betragen, also kleiner sind als die in 01 gebildete Rückstellung.

Buchungssatz zur Auflösung der Rückstellung (in Höhe der Differenz aus Rückstellungen und Verbindlichkeiten entsteht ein »sonstiger betrieblicher Ertrag«):

Rückstellungen für Prozessrisiken		*2.000,–*
an	*Bank*	*1.500,–*
	Sonstige betriebliche Erträge	*500,–*

Fall 3: Die aus dem Prozess resultierenden Verbindlichkeiten sollen nun 3.000,– betragen und somit größer sein als die in 01 gebildete Rückstellung.

Buchungssatz zur Auflösung der Rückstellung (in Höhe der Differenz aus Verbindlichkeiten und Rückstellungen entsteht ein »sonstiger betrieblicher Aufwand«):

Rückstellungen für Prozessrisiken		*2.000,–*
Sonstige betriebliche Aufwendungen		*1.000,–*
an	*Bank*	*3.000,–*

7. Hauptabschlussübersicht

Die Hauptabschlussübersicht hat die Aufgabe, den Jahresabschluss vorzubereiten, indem sie das Zahlenmaterial der Finanzbuchhaltung sammelt und in übersichtlicher und kumulierter Form darstellt. Erst in einem weiteren Schritt werden die in der Hauptabschlussübersicht ermittelten Beträge in die gesetzlich vorgeschriebene Form der Bilanz und der Gewinn- und Verlustrechnung überführt. Die Hauptabschlussübersicht ist folglich ein Hilfsmittel zur Jahresabschlusserstellung und kann auch als eine Art Bindeglied zwischen Finanzbuchhaltung und Bilanz bezeichnet werden.

Hilfsmittel zur Jahresabschlusserstellung

In der Hauptabschlussübersicht, für die man in der Literatur auch den synonymen Begriff »Betriebsübersicht« verwendet, wird in tabellarischer Form die Entwicklung aller Bestands- und Erfolgskonten während des Geschäftsjahres aufgezeigt. Im Einzelnen können der Hauptabschlussübersicht folgende Funktionen zugeschrieben werden:

- **Kontrollinstrument**

Die Hauptabschlussübersicht erfüllt die Funktion eines Kontrollinstrumentes, weil mit ihrer Hilfe die Konten auf rechnerische Richtigkeit überprüft werden können. Da auch in der Hauptabschlussübersicht das Prinzip der betragsmäßigen Gleichheit von Soll- und Habenbuchungen gilt, können auf relativ einfache Art und Weise betragsmäßige Buchungsfehler aufgedeckt und korrigiert werden.

- **Informationsinstrument**

Als Informationsinstrument dient die Hauptabschlussübersicht, weil sie eine Übersicht über die Entwicklung sämtlicher Bestandskonten von der Eröffnungsbilanz bis zur Schlussbilanz und über die Zusammensetzung des Unternehmenserfolges zeigt. Sie ermöglicht Interessenten (z. B. Kapitalgebern) damit einen detaillierten Einblick in die wirtschaftlichen Verhältnisse des Unternehmens.

- **Grundlage der Bilanzpolitik**

Aus der Hauptabschlussübersicht wird entsprechend den gesetzlichen Normen die Bilanz sowie die Gewinn- und Verlustrechnung abgeleitet. Als »vorläufiger« Abschluss liefert die Hauptabschlussübersicht damit die Grundlage für bilanzpolitische Maßnahmen. Sie unterstützt den Bilanzierenden bei der Entscheidung, wie vom Gesetzgeber eingeräumte Ansatz- und Bewertungswahlrechte bei der Erstellung des Jahresabschlusses ausgeübt werden sollen.

Beschreibung der Spalten

Die in Tabellenform gestaltete Hauptabschlussübersicht besteht aus der Spalte der Kontenbezeichnungen sowie aus bis zu acht weiteren Doppelspalten. Im Folgenden soll die Bedeutung der einzelnen Spalten erklärt werden. Zur Illustration möge dem Leser dabei die Hauptabschlussübersicht des Beispiels dienen, das unmittelbar nach der allgemeinen Beschreibung der Spalten erläutert wird.

- **Spalte »Kontenbezeichnung«:**
In dieser Spalte werden sämtliche gemäß dem Kontenplan im Unternehmen verwendete Bestands- und Erfolgskonten aufgeführt.

- **Spalte »Eröffnungsbilanz«:**
In diese mit Aktiva (A) und Passiva (P) überschriebene Spalte werden die Anfangsbestände der Eröffnungsbilanz übernommen. Bei den Erfolgskonten erfolgt kein Eintrag, da Erfolgskonten keine Anfangsbestände aufweisen.

- **Spalte »Jahresverkehrszahlen«:**
Diese Spalte enthält die Summen der Soll- und Habenbuchungsbeträge sämtlicher Konten. Entsprechend der Grundsätze der doppelten Buchführung müssen die Spaltensummen der Soll- und der Habenseite übereinstimmen.

- **Spalte »Summenbilanz«:**
Die Summenbilanz weist die unsaldierten Summen der Soll- und der Habenseite aus, die sich aus der Addition der Anfangsbestände aus der Eröffnungsbilanz und der Jahresverkehrszahlen ergeben.

- **Spalte »Saldenbilanz I«:**
Diese Spalte beinhaltet die Ergebnisse aus der Saldierung der Beträge der Summenbilanz, wobei der Saldo auf der jeweiligen Überschussseite eingetragen wird.

- **Spalte »Umbuchungen«:**
In der Umbuchungsspalte werden zum einen Korrekturbuchungen für unzutreffend erfasste Geschäftsvorfälle, zum anderen vorbereitende Abschlussbuchungen vorgenommen. Da auch diese Umbuchungen nach den Grundsätzen der doppelten Buchführung durchgeführt werden, müssen in der Umbuchungsspalte ebenfalls die Spaltensummen der Soll- und der Habenseite übereinstimmen.

- **Spalte »Saldenbilanz II«:**
Die Saldenbilanz II ergibt sich aus der Saldenbilanz I durch Berück-

sichtigung der Umbuchungen. Die hier ausgewiesenen Salden sind – abhängig davon, ob ein Bestands- oder ein Erfolgskonto vorliegt – in die Spalte »Bilanz« oder in die Spalte »Gewinn- und Verlustrechung« zu übertragen.

- **Spalte »Bilanz«:**

Die Bilanzspalte übernimmt aus der Saldenbilanz II die Salden der aktiven und passiven Bestandskonten. In dieser Spalte lässt sich durch einen Vergleich der Summe der Aktiva und der Summe der Passiva der Erfolg des Unternehmens bestimmen. Übersteigt die Summe der Aktiva die Summe der Passiva, liegt ein Gewinn vor, im umgekehrten Fall ein Verlust. Im Gegensatz zur Schlussbilanz sind in der Bilanzspalte der Hauptabschlussübersicht Aktivseite und Passivseite betragsmäßig unterschiedlich groß, da das in der Bilanzspalte ausgewiesene Eigenkapital noch nicht den in der GuV- Rechnung ermittelten Unternehmenserfolg enthält.

- **Spalte »Gewinn- und Verlustrechnung«:**

In die Spalte »Gewinn- und Verlustrechnung« werden die in der Saldenbilanz II errechneten Salden der Erfolgskonten übertragen. Aus dem Vergleich der Summe der Erträge und der Summe der Aufwendungen ergibt sich der Gewinn beziehungsweise Verlust des Unternehmens. Aufgrund der Grundsätze der doppelten Buchführung muss die Differenz aus Erträgen und Aufwendungen stets mit der in der Spalte vorher ermittelten Differenz aus Aktiva und Passiva übereinstimmen.

Beispiel: Der Schrotthändler Linke hat zur Vorbereitung des Jahresabschlusses 01 eine Hauptabschlussübersicht erstellt, die am Ende des Beispiels abgebildet ist. Neben den Daten der Eröffnungsbilanz und den Jahresverkehrszahlen standen ihm noch folgende Informationen zur Verfügung:

(1) Auf den Fuhrpark wird eine Abschreibung von 3.000,– vorgenommen.

(2) Ein Drittel des Mietaufwands ist eine Mietvorauszahlung für das nächste Jahr.

(3) Die Zinserträge stellen zu zwei Dritteln Zinserträge des nächsten Jahres dar.

(4) Die Umsatzsteuer und die Vorsteuer werden gegeneinander aufgerechnet.

(5) Der Warenendbestand laut Inventur beträgt 5.000,–.

Die Informationen (1) bis (4) erfordern folgende in der Umbuchungsspalte einzutragende Buchungssätze:

(1) Abschreibungen an Fuhrpark	*3.000,–*
(2) Aktive Rechnungsabgrenzung an Mietaufwand	*1.000,–*
(3) Zinserträge an Passive Rechnungsabgrenzung	*2.000,–*
(4) Umsatzsteuer an Vorsteuer	*4.000,–*

Die Information (5) wird benötigt, weil aus der Saldenbilanz II alleine nicht ersichtlich ist, wie sich der hier ermittelte Saldo des gemischten Kontos »Wareneinkauf« aus dem Warenendbestand und der Aufwandskomponente »Wareneinsatz« zusammensetzt. Im Beispiel wird ein Warenendbestand von 5.000,– aus dem Konto »Wareneinkauf« in die Bilanzspalte übertragen, der Restsaldo des Wareneinkaufskontos in Höhe von 40.000,– wird in der Spalte der Gewinn- und Verlustrechnung erfasst.

Hauptabschlussübersicht (Angaben in 1.000)

Kontenbezeichnung	Eröffnungsbilanz		Jahresverkehrszahlen		Summenbilanz		Saldenbilanz I		Umbuchungen		Saldenbilanz II		Bilanz		Gewinn- und Verlustrechnung	
	A	P	S	H	S	H	S	H	S	H	S	H	A	P	S	H
Grundstücke	80		5	10	85	10	75				75		75			
Fuhrpark	30		12	7	42	7	35			(1) 3	32		32			
Forderungen	10		16	3	26	3	23				23		23			
Bank	9		39	19	48	19	29				29		29			
Kasse	8		18	19	26	19	7				7		7			
ARAP									(2) 1		1		1			
Eigenkapital		60				60		60				60		60		
Verbindlichk.		89	30	24	30	113		83				83		83		
Vorsteuer			5	1	5	1	4			(4) 4						
Umsatzsteuer			2	10	2	10		8	(4) 4			4		4		
PRAP										(3) 2		2		2		
Wareneinkauf	12		35	2	47	2	45				45		(5) 5		(5) 40	
Abschreibungen									(1) 3		3				3	
Löhne			22		22		22				22				22	
Zinsaufwand			2		2		2				2				2	
Mietaufwand			3		3		3			(2) 1	2				2	
Warenverkauf			7	89	7	89		82				82				82
Provisionserträ.				9		9		9				9				9
Zinserträge				3		3		3	(3) 2			1				1
Summen	149	149	196	196	345	345	245	245	10	10	241	241	172	149	69	92
Gewinn														23	23	
Endsumme													172	172	92	92

8. Zusammenfassung

Vorbereitende Abschlussbuchungen werden durchgeführt, um im Jahresabschluss Vermögensgegenstände und Schulden gemäß den gesetzlichen Bilanzierungs- und Bewertungsvorschriften auszuweisen.

Gemäß dem Vorsichtsprinzip sind Vermögensgegenstände und Schulden im Jahresabschluss vorsichtig zu bewerten. Gewinne dürfen erst dann ausgewiesen werden, wenn sie am Abschlussstichtag realisiert sind (= Realisationsprinzip). Im Gegensatz hierzu sind drohende Verluste bereits dann zu berücksichtigen, wenn sie sich mit genügend großer Sicherheit abzeichnen (= Imparitätsprinzip).

Vermögensgegenstände sind höchstens zu den – gegebenenfalls um planmäßige Abschreibungen verringerten – Anschaffungs- bzw. Herstellungskosten anzusetzen. Anschaffungskosten stellen den Bewertungsmaßstab für vom Unternehmen fremd bezogene Vermögensgegenstände dar. Herstellungskosten sind der Bewertungsmaßstab für selbst erstellte Vermögensgegenstände.

Planmäßige Abschreibungen erfassen den ordentlichen Werteverzehr des abnutzbaren Anlagevermögens, außerplanmäßige Abschreibungen die Wertverluste von Vermögensgegenständen aufgrund unerwarteter Ereignisse. Forderungen sind abzuschreiben, wenn sie uneinbringlich sind oder mit einiger Wahrscheinlichkeit ausfallen werden.

Der Ansatz von Rechnungsabgrenzungsposten gewährleistet, dass Aufwendungen und Erträge den Geschäftsjahren zugeordnet werden, die sie auch wirtschaftlich verursacht haben.

Bei Rückstellungen handelt es sich um unsichere Schulden, wobei sich die Unsicherheit auf das tatsächliche Bestehen, die Höhe und/oder den Fälligkeitstag der Schulden bezieht.

Die Hauptabschlussübersicht dient der Vorbereitung des Jahresabschlusses, indem sie die Bestands- und Erfolgskonten in übersichtlicher und kumulierter Form darstellt. In der Hauptabschlussübersicht werden insbesondere die vorbereitenden Abschlussbuchungen durchgeführt.

9. Wiederholungsfragen

- ❍ 1. Was versteht man unter dem strengen und dem gemilderten Niederstwertprinzip? Lösung S. 161
- ❍ 2. Wie errechnen sich die Anschaffungskosten eines Vermögensgegenstandes? Lösung S. 144, 145
- ❍ 3. Erläutern Sie die Bestandteile der Herstellungskosten! Lösung S. 145-146
- ❍ 4. Nennen Sie Gründe für den Werteverzehr des abnutzbaren Anlagevermögens! Lösung S. 148
- ❍ 5. Was versteht man unter geringwertigen Wirtschaftsgütern? Lösung S. 155
- ❍ 6. Erläutern Sie die Unterschiede zwischen der direkten und der indirekten Methode der Abschreibungsverbuchung! Lösung S. 156-157
- ❍ 7. Wie ist im Rahmen von Forderungsabschreibungen die Umsatzsteuer zu berichtigen? Lösung S. 163, 164
- ❍ 8. Was versteht man unter einer Pauschalwertberichtigung? Lösung S. 166, 167
- ❍ 9. Erläutern Sie den Unterschied zwischen antizipativen und transitorischen Rechnungsabgrenzungsposten! Lösung S. 168-170
- ❍ 10. Verdeutlichen Sie anhand eines selbst gewählten Beispiels, wie ein aktiver Rechnungsabgrenzungsposten buchungstechnisch zu behandeln ist! Lösung S. 169, 170
- ❍ 11. Erläutern Sie die buchungstechnische Bildung und Auflösung einer Rückstellung! Lösung S. 171, 172
- ❍ 12. Welche Funktionen besitzt die Hauptabschlussübersicht? Lösung S. 173

10. Aufgaben

Aufgabe 1

Die Schwarzenbeck GmbH hat sich eine neue Maschine zu einem Anschaffungswert von 530.000,– beschafft. Es wird von einer voraussichtlichen Nutzungsdauer von 10 Jahren und einem voraussichtlichen Schrottwert von 30.000,– ausgegangen. Der Geschäftsführer möchte innerhalb der ersten drei Jahre der Nutzung eine möglichst geringe Gesamtabschreibung ausweisen. Welche Abschreibungsmethode würden Sie vorschlagen, wenn die lineare Methode, die digital-degressive Methode und die geometrisch-degressive Methode (Abschreibungsquote 20 %) zur Auswahl stehen? Rechnerische Begründung!

Lösung:

Lineare Abschreibung:

$$q_t = \frac{530.000 - 30.000}{10} = 50.000$$

Summe der ersten drei Jahre: 150.000

Digital-degressive Abschreibung:

$$q_1 = 10 \cdot \frac{530.000 - 30.000}{1 + 2 + 3 \ldots + 10} = 90.909{,}09$$

$$q_2 = 9 \cdot \frac{530.000 - 30.000}{1 + 2 + 3 \ldots + 10} = 81.818{,}18$$

$$q_3 = 8 \cdot \frac{530.000 - 30.000}{1 + 2 + 3 \ldots + 10} = 72.727{,}27$$

Summe der ersten drei Jahre: 245.454,55

Geometrisch-degressive Abschreibung (Abschreibungsquote 20 %):

$$q_1 = 0{,}2 \cdot 530.000 = 106.000 \quad \Rightarrow \quad R_1 = 424.000$$

$$q_2 = 0{,}2 \cdot 424.000 = 84.800 \quad \Rightarrow \quad R_2 = 339.200$$

$$q_3 = 0{,}2 \cdot 339.200 = 67.840 \quad \Rightarrow \quad R_3 = 271.360$$

Summe der ersten drei Jahre: 258.640

Die geringste Gesamtabschreibung nach drei Jahren erhält man mit der linearen Methode.

Aufgabe 2

Die Bobic KG kauft einen neuen Lieferwagen zu einem Kaufpreis von 30.000,– zuzüglich 19 % Umsatzsteuer. Es wird von einer voraussichtlichen Nutzungsdauer von acht Jahren und einer Gesamtfahrleistung von 300.000 km ausgegangen. Für die einzelnen Jahre wird die Fahrleistung wie folgt festgelegt.

Jahr 01:	60.000 km
Jahr 02:	80.000 km
Jahr 03:	40.000 km
Jahr 04:	30.000 km
Jahr 05:	30.000 km
Jahr 06:	20.000 km
Jahr 07:	20.000 km
Jahr 08:	20.000 km

Zeigen Sie den Abschreibungsverlauf für die leistungsabhängige, die lineare und die geometrisch-degressive Abschreibungsmethode (Abschreibungssatz 20 %) auf! Ab welchem Jahr würde sich aus steuerlichen Gründen der Wechsel von der degressiven auf die lineare Methode lohnen?

Lösung:

$$\text{Abschreibungssatz pro km} = \frac{30.000,-}{300.000} = 0{,}10/\text{km}$$

Abschreibung Jahr 01:	60.000 km · 0,10/km = 6.000,–
Abschreibung Jahr 02:	80.000 km · 0,10/km = 8.000,–
Abschreibung Jahr 03:	40.000 km · 0,10/km = 4.000,–
Abschreibung Jahr 04:	30.000 km · 0,10/km = 3.000,–
Abschreibung Jahr 05:	30.000 km · 0,10/km = 3.000,–
Abschreibung Jahr 06:	20.000 km · 0,10/km = 2.000,–
Abschreibung Jahr 07:	20.000 km · 0,10/km = 2.000,–
Abschreibung Jahr 08:	20.000 km · 0,10/km = 2.000,–

Lineare Abschreibung:

$$q_i = \frac{30.000,-}{8} = 3.750,- \text{ für } i = 1,\ldots 8$$

Geometrisch-degressive Abschreibung:

Jahr 01:	$q_1 = 30.000,- \cdot 0,2 = 6.000,-$	$\Rightarrow$	$R_1 = 24.000,-$
Jahr 02:	$q_2 = 24.000,- \cdot 0,2 = 4.800,-$	$\Rightarrow$	$R_2 = 19.200,-$
Jahr 03:	$q_3 = 19.200,- \cdot 0,2 = 3.840,-$	$\Rightarrow$	$R_3 = 15.360,-$
Jahr 04:	$q_4 = 15.360,- \cdot 0,2 = 3.072,-$	$\Rightarrow$	$R_4 = 12.288,-$
Jahr 05:	$q_5 = 12.288,- \cdot 0,2 = 2.457,60$	$\Rightarrow$	$R_5 = 9.830,40$
Jahr 06:	$q_6 = 9.830,40 \cdot 0,2 = 1.966,08$	$\Rightarrow$	$R_6 = 7.864,32$
Jahr 07:	$q_7 = 7.864,32 \cdot 0,2 = 1.572,86$	$\Rightarrow$	$R_7 = 6.291,46$
Jahr 08:	$q_8 = 6.291,54 \cdot 0,2 = 1.258,29$	$\Rightarrow$	$R_8 = 5.033,17$

Wechsel von der geometrisch-degressiven zur linearen Methode:

Bei der Berechnung der zum Vergleich verwendeten linearen Abschreibungsbeträge sind stets der nach der geometrisch-degressiven Methode bestimmte Restbuchwert und die jeweilige Restnutzungsdauer zu Grunde zu legen:

Jahr 01: $R_0 = 30.000,-$

$\Rightarrow$ Der lineare Abschreibungsbetrag für acht Jahre wäre 3.750,–.

Jahr 02: $R_1 = 24.000,-$

$\Rightarrow$ Der lineare Abschreibungsbetrag für sieben Jahre wäre 3.428,57.

Jahr 03: $R_2 = 19.200,-$

$\Rightarrow$ Der lineare Abschreibungsbetrag für sechs Jahre wäre 3.200,–.

Jahr 04: $R_3 = 15.360,-$

$\Rightarrow$ Der lineare Abschreibungsbetrag für fünf Jahre wäre 3.072,–.

Jahr 05: $R_4 = 12.288,-$

$\Rightarrow$ Der lineare Abschreibungsbetrag für vier Jahre wäre 3.072,–.

Da ab dem Jahr 05 der lineare Abschreibungsbetrag größer wäre als der entsprechende Betrag nach der geometrisch-degressiven Methode, würde in diesem Jahr auf die lineare Abschreibungsmethode gewechselt werden. Von Jahr 05 bis Jahr 08 würden demnach 3.072,– pro Jahr abgeschrieben werden.

Aufgabe 3

Die Ramelow GmbH hat eine Maschine zum Bruttopreis von 178.500,– gekauft. Der Lieferant gewährt einen Rabatt in Höhe von 5 %. An Montagekosten fallen 10.115,– (brutto) an, die ebenfalls der Lieferfirma zu zahlen sind. Es wird von einer voraussichtlichen Nutzungsdauer von vier Jahren und einem Schrottwert von 11.000,– ausgegangen. Die Maschine soll linear abgeschrieben werden. Die Lieferfirma stellt für die Lieferung und die Montage eine Rechnung aus, die 14 Tage später von der Ramelow GmbH per Banküberweisung beglichen wird.

a) Wie sieht der Abschreibungsverlauf der Maschine aus?

b) Nehmen Sie die Verbuchung der Maschine zum Zeitpunkt der Lieferung vor!

c) Wie lautet der Buchungssatz zum Zeitpunk der Zahlung der Maschine?

d) Wie lautet der Buchungssatz zur Abschreibung der Maschine in der 4. Periode

   (1) nach der direkten Methode

   (2) nach der indirekten Methode?

e) Nehmen Sie die Ausbuchung der Maschine für den Fall vor, dass die Maschine zu Beginn der 5. Periode zum Restbuchwert auf Ziel verkauft wird!

f) Nehmen Sie die Ausbuchung der Maschine für den Fall vor, dass die Maschine nach der 3. Periode zum Restbuchwert auf Ziel verkauft wird!

g) Nehmen Sie die Ausbuchung der Maschine für den Fall vor, dass die Maschine nach der 3. Periode zum Preis von 80.000,– (netto) auf Ziel verkauft wird!

h) Nehmen Sie die Ausbuchung der Maschine für den Fall vor, dass die Maschine nach der 3. Periode zum Preis von 40.000,– (netto) auf Ziel verkauft wird!

Lösung:

a)

Berechnung der Anschaffungskosten:

	Nettopreis	150.000,–
-	Rabatt	7.500,–
+	Montagekosten	8.500,–
=	Anschaffungskosten	151.000,–

$$q_i = \frac{151.000 - 11.000}{4} = 35.000,–$$

Jahr	q_i	R_i
01	35.000,–	116.000,–
02	35.000,–	81.000,–
03	35.000,–	46.000,–
04	35.000,–	11.000,–

b)

Maschine 151.000,–
Vorsteuer 28.690,–
an Verbindlichkeiten 179.690,–

c)

Verbindlichkeiten an Bank 179.690,–

d)

(1) Abschreibungen an Maschinen 35.000,–
(2) Abschreibungen an Wertberichtigung 35.000,–
zu Sachanlagen

e)

– falls bisher nach der direkten Methode abgeschrieben wurde:

Forderungen 13.090,–
an Maschinen 11.000,–
Umsatzsteuer 2.090,–

– falls bisher nach der indirekten Methode abgeschrieben wurde:

Wertberichtigung an Maschinen 140.000,–
zu Sachanlagen

Forderungen		13.090,–
an	Maschinen	11.000,–
	Umsatzsteuer	2.090,–

f)

– falls bisher nach der direkten Methode abgeschrieben wurde:

Forderungen		54.740,–
an	Maschinen	46.000,–
	Umsatzsteuer	8.740,–

– falls bisher nach der indirekten Methode abgeschrieben wurde:

Wertberichtigung zu Sachanlagen	an	Maschinen	105.000,–

Forderungen		54.740,–
an	Maschinen	46.000,–
	Umsatzsteuer	8.740,–

g)

– falls bisher nach der direkten Methode abgeschrieben wurde:

Forderungen		95.200,–
an	Maschinen	46.000,–
	Umsatzsteuer	15.200,–
	Sonstiger Ertrag	34.000,–

– falls bisher nach der indirekten Methode abgeschrieben wurde:

Wertberichtigung zu Sachanlagen	an	Maschinen	105.000,–

Forderungen		95.200,–
an	Maschinen	46.000,–
	Umsatzsteuer	15.200,–
	Sonstiger Ertrag	34.000,–

h)

– falls bisher nach der direkten Methode abgeschrieben wurde:

Forderungen		47.600,–
Sonstiger Aufwand		6.000,–
an	Maschinen	46.000,–
	Umsatzsteuer	7.600,–

– falls bisher nach der indirekten Methode abgeschrieben wurde:

Wertberichtigung zu Sachanlagen	an	Maschinen	105.000,–

Forderungen		47.600,–
Sonstiger Aufwand		6.000,–
an	Maschinen	46.000,–
	Umsatzsteuer	7.600,–

Aufgabe 4

Der Uhrenhersteller Scholl möchte am Ende des Jahres seine Forderungsbestände berichtigen und stellt dabei folgendes fest:

Vom gesamten Forderungsbestand aus Warenlieferungen in Höhe von 476.000,– (inkl. 19 % Umsatzsteuer) sind die bisher nicht berichtigten Forderungen gegenüber dem Kunden Möller in Höhe von 23.800,– (inkl. Umsatzsteuer) mit Sicherheit uneinbringlich und die bisher nicht berichtigten Forderungen gegenüber dem Kunden Bein zu 50 % ausfallbedroht (Gesamtforderungen gegenüber Bein: 35.700,– (inkl. Umsatzsteuer)).

Neben diesen Einzelwertberichtigungen möchte Scholl zudem eine Pauschalwertberichtigung auf Forderungen von 3 % bilden.

a) Welche Buchungen muss Scholl zur Berichtigung seines Forderungsbestands vornehmen?

b) Am 02.03.02 gehen von der ursprünglichen Forderung gegenüber Bein 21.420,– (brutto) auf dem Bankkonto von Scholl ein. Welche Buchungen hat Scholl durchzuführen?

Lösung:

a)

Vollständige Abschreibung der Forderung gegenüber Möller:

Abschreibungen auf Forderungen		20.000,–
Umsatzsteuer		3.800,–
an	Forderungen	23.800,–

Wertberichtigung der Forderung gegenüber Bein:

Abschreibungen auf Forderungen	an	Einzelwertberichtigung zu Forderungen	15.000,–

Pauschalwertberichtigung:

	Gesamtbetrag Forderungen (brutto)	476.000,–
-	Bereits einzelwertberichtigte Forderungen	59.500,–
	Pauschal zu berichtigender Forderungsbetrag (brutto)	416.500,–
⇒	Pauschal zu berichtigender Forderungsbetrag (netto)	350.000,–
⇒	Pauschalwertberichtigung von 3 %	10.500,–

Abschreibungen auf Forderungen	an	Pauschalwertberichtigung zu Forderungen	10.500,–

b)

Zahlungseingang:

Bank	an	Forderungen	21.420,–

Auflösung des Wertberichtigungskontos:

Einzelwertberichtigung zu Forderungen		15.000,–
Umsatzsteuer		2.280,–
an	Forderungen	14.280,–
	Sonstiger Ertrag	3.000,–

Aufgabe 5

Die Bode AG, Fachgeschäft für Hochdruckreiniger, muss bei ihren Jahresabschlussarbeiten für das Jahr 01 folgende Sachverhalte berücksichtigen. Wie lauten alle mit diesen Sachverhalten zusammenhängenden Buchungssätze für das Jahr 01?

(1) Die Miete für die Geschäftsräume wird am 01.12.01 für ein halbes Jahr im Voraus an den Vermieter überwiesen. Der Überweisungsbetrag beträgt 12.000,–.

(2) Die voraussichtlichen Kosten für die Prüfung des Jahresabschlusses betragen 15.000,–.

(3) Das Unternehmen erhält Bankzinserträge für Dezember 01 in Höhe von 500,– erst im Januar 02 auf dem Konto gutgeschrieben.

(4) Ein Kunde der Bode AG hat die Bode AG im Oktober 01 auf Schmerzensgeld in Höhe von 1.200,– verklagt, da er sich beim Umgang mit einem mangelhaften Hochdruckreiniger an der Hand verletzt hat. Der Prozess findet im Jahr 02 statt. Der Klage wird vermutlich stattgegeben.

(5) Die Bode AG bekommt für einen von ihr vergebenen Kredit am 01.11.01 Zinsen in Höhe von 900,– für das nächste Vierteljahr im Voraus auf das Bankkonto überwiesen.

(6) Im Dezember 01 fällige Provisionen für Außendienstmitarbeiter in Höhe von 2.000,– werden von der Bode AG erst im Jahr 02 überwiesen.

Lösung:

(1)	01.12.01:	Mietaufwand	an	Bank	12.000,–
	31.12.01:	Aktiver Rechnungs-abgrenzungsposten	an	Mietaufwand	10.000,–
(2)	31.12.01:	Zuführung zu Rückstellungen	an	Rückstellungen	15.000,–
(3)	31.12.01:	Sonstige Forderungen	an	Zinserträge	500,–
(4)	31.12.01:	Zuführung zu Rückstellungen	an	Rückstellungen	1.200,–
(5)	01.11.01:	Bank	an	Zinserträge	900,–
	31.12.01:	Zinserträge	an	Pass. Rechnungs-abgrenzungsposten	300,–
(6)	31.12.01:	Provisionsaufwand	an	Sonstige Verbindlichkeiten	2.000,–

Aufgabe 6

Der Sitzbezügehersteller Höttges hat zum Jahresende 01 folgende Summenbilanz erstellt:

	Soll	Haben
Gebäude	12.000,–	1.200,–
BGA	8.000,–	1.200,–
Forderungen	1.400,–	200,–
Vorsteuer	400,–	80,–
Bank	2.200,–	1.600,–
Kasse	1.800,–	900,–
Aktive Rechnungsabgrenzung		
Eigenkapital		7.000,–
Rückstellungen		1.000,–
Verbindlichkeiten	1.600,–	12.000,–
Umsatzsteuer	100,–	1.800,–
Passive Rechnungsabgrenzung		
Wareneinkauf	3.000,–	150,–
Warenverkauf	250,–	6.000,–
Abschreibungen		
Mietaufwand	480,–	
Einstellung in Rückstellungen		
Löhne	2.000,–	
Zinserträge		100,–
	33.230,–	33.230,–

Erstellen Sie ausgehend von obiger Summenbilanz und unter Berücksichtigung nachstehender Informationen die Hauptabschlussübersicht:

(1) Der Mietaufwand stellt zu einem Viertel eine Mietvorauszahlung für das Jahr 02 dar.

(2) Auf die Gebäude ist eine Abschreibung in Höhe von 500,– vorzunehmen.

(3) Am Jahresende erfährt Höttges vom der Insolvenz eines Kunden. Eine Forderung gegenüber diesem Kunden in Höhe von 238,– (brutto) ist uneinbringlich.

(4) Aus einem im nächsten Jahr stattfindenden Schadensersatzprozess gegen Höttges wird mit Aufwendungen von 900,– gerechnet.

(5) Die Zinserträge stellen zur Hälfte Zinserträge des nächsten Quartals dar.

(6) Die Umsatzsteuer und die Vorsteuer werden gegeneinander aufgerechnet.

(7) Der Warenendbestand laut Inventur beträgt 900,–.

Lösung:

(1)	Aktive Rechnungsabgrenzung	an	Mietaufwand	120,–
(2)	Abschreibungen	an	Gebäude	500,–
(3)	Abschreibungen auf Forderungen			200,–
	Umsatzsteuer			38,–
	an Forderungen			238,–
(4)	Zuführung zu Rückstellungen	an	Rückstellungen	900,–
(5)	Zinserträge	an	Pass. Rechnungsabgrenzung	50,–
(6)	Umsatzsteuer	an	Vorsteuer	320,–

(7) Der Warenbestand von 900,– wird aus dem Konto Wareneinkauf in die Bilanzspalte übertragen, der Restbetrag des Wareneinkaufskontos in die Spalte GuV-Rechnung.

Hauptabschlussübersicht

	Summenbilanz		Saldenbilanz I		Umbuchungen		Saldenbilanz II		Bilanz		GuV-Rechnung	
	Soll	Haben	Soll	Haben	Soll	Haben	Soll	Haben	Soll	Haben	Soll	Haben
Gebäude	12.000	1.200	10.800			(2) 500	10.300		10.300			
BGA	8.000	1.200	6.800				6.800		6.800			
Forderungen	1.400	200	1.200			(3) 238	962		962			
Vorsteuer	400	80	320			(6) 320						
Bank	2.200	1.600	600				600		600			
Kasse	1.800	900	900				900		900			
ARAP					(1) 120		120		120			
Eigenkapital		7.000		7.000				7.000		7.000		
Rückstellungen		1.000		1.000		(4) 900		1.900		1.900		
Verbindlichk.	1.600	12.000		10.400				10.400		10.400		
Umsatzsteuer	100	1.800		1.700	(3) 38 (6) 320			1.342		1.342		
PRAP						(5) 50		50		50		
Wareneinkauf	3.000	150	2.850				2.850		900		1.950	
Warenverkauf	250	6.000		5.750				5.750				5.750
Abschreibungen					(2) 500		500				500	
Forder.abschr.					(3) 200		200				200	
Mietaufwand	480		480			(1) 120	360				360	
Zuführung zu Rückstellungen					(4) 900		900				900	
Löhne	2.000		2.000				2.000				2.000	
Zinserträge		100		100	(5) 50			50				50
Summen	33.230	33.230	25.940	25.940	2.128	2.128	26.492	26.492	20.582	20.692	5.910	5.800
Gewinn									110			110
Endsumme									20.692	20.692	5.910	5.910

Register

A

Antizipative Rechnungsabgrenzung
ist erforderlich, wenn ein Ertrag bzw. ein Aufwand einem Zeitraum des abgelaufenen Geschäftsjahres zuzuordnen ist, die dazugehörigen Zahlungsvorgänge aber erst nach dem Bilanzstichtag erfolgen. ⇨ 168 f.

Aufwand
Der in Geldeinheiten bewertete Werteverzehr einer Periode. ⇨ 4 f., 53

Aufwandskonto
Unterkonto des Gewinn- und Verlustkontos, in dem eine bestimmte Aufwandsart erfasst wird. ⇨ 56

Ausgabe
Abnahme des Geldvermögens. ⇨ 4

Außerplanmäßige Abschreibungen
Abschreibungen aufgrund unerwarteter Ereignisse. ⇨ 161 f.

B

Bestandskonten
haben die Aufgabe, die während eines Geschäftsjahres stattfindenden Zu- und Abgänge an Vermögen, Schulden und Eigenkapital zu erfassen. ⇨ 39 ff.

Bezugskosten
Nebenkosten des Erwerbs. ⇨ 115 ff.

BGA
Betriebs- und Geschäftsausstattung. ⇨ 31

Bilanz
Gegenüberstellung von Vermögen und Schulden zu einem Stichtag. ⇨ 34 ff.

Bilanzverkürzung
Siehe ⇨ Aktiv-Passiv-Minderung.

Bilanzverlängerung
Siehe ⇨ Aktiv-Passiv-Mehrung.

Boni
stellen am Periodenende gewährte Prämien für langjährige Geschäftsbeziehungen oder für den getätigten Periodenumsatz dar. ⇨ 108 ff.

Bruttoarbeitsentgelt
Vergütung für die Tätigkeit der Mitarbeiter im Unternehmen. ⇨ 130

Bruttomethode
Bei Anwendung der Bruttomethode werden Entgelt und Steuerbetrag bei der Verbuchung des Geschäftsvorfalls in einer Summe ausgewiesen. Das Herausrechnen der Umsatzsteuer- bzw. Vorsteuerbeträge aus den Warenkonten erfolgt erst am Periodenende. ⇨ 99 f.

Bruttoverfahren
Beim Bruttoverfahren werden die Salden des Wareneinkaufs- und des Warenverkaufskontos (Wareneinsatz und Umsatzerlöse) direkt auf das GuV-Konto gebucht. ⇨ 94 f.

Buchhaltung
siehe ⇨ Finanzbuchführung.

Buchführung
siehe ⇨ Finanzbuchführung.

Buchführungspflicht
- handelsrechtlich gemäß § 238 Abs. 1 S. 1 HGB.
- steuerrechtlich gemäß § 140 AO (derivative Buchführungspflicht) und §141 Abs. 1 AO (originäre Buchführungspflicht).

⇨ 10 ff.

Buchung
Eintragung eines Geschäftsvorfalls auf die beteiligten Konten ⇨ 43

Buchungssatz
zeigt die entsprechenden Kontenseiten an, die von einem Geschäftsvorfall betroffen sind. ⇨ 43 ff.

D

Digital-degressive Abschreibungsmethode
führt zu gleichmäßig fallenden Abschreibungsbeträgen. ⇨ 151

Direkte Methode
Bei der direkten Methode erfolgt die Verbuchung der Abschreibung direkt auf der Habenseite des entsprechenden Anlagenkontos. ⇨ 156

Doppelte Buchführung
Buchführungssystem, bei dem jeder Geschäftsvorfall auf mindestens zwei Konten verbucht wird. ⇨ 28 ff.

E

Eigenkapitalgeber
erwerben mit der Hingabe ihres Kapitals einen Beteiligungstitel und nehmen damit eine Eigentümer- bzw. Gesellschafterposition ein. ⇨ 6

Eigenkapitalkonto
gibt Auskunft über das von Eigentümern zur Verfügung gestellte Kapital und dessen Entwicklung. ⇨ 52 ff.

Einfache Buchführung
Buchführungssystem, dem das Prinzip der doppelten Verbuchung fehlt. ⇨ 28

Einfacher Buchungssatz
Buchungssatz, bei dem lediglich zwei Konten betroffen sind. ⇨ 46

Einheitliches Warenkonto
Liegt vor, wenn Wareneinkäufe und -verkäufe auf demselben Konto erfasst werden. ⇨ 90 f.

Einlagenüberschuss
Die Privateinlagen übersteigen die Privatentnahmen. ⇨ 64

Einnahme
Zunahme des Geldvermögens. ⇨ 4

Einstandspreise
Einkaufspreis für bezogene Waren plus Bezugskosten minus Preisnachlässe. ⇨ 115

Einzelwertberichtigung
Vorgang der indirekten Abschreibung einer einzelnen Forderung. ⇨ 164 ff.

Endbestand
Der Endbestand eines Kontos ergibt sich als Differenz aus den Summen von Soll- und Habenseite. ⇨ 42

Entnahmeüberschuss
Die Privatentnahmen übersteigen die Privateinlagen. ⇨ 64 f.

Erfolg
Siehe ⇨ Unternehmenserfolg.

Erfolgskonten
Unterkonten des Gewinn- und Verlustkontos, die die erfolgswirksamen Geschäftsvorfälle erfassen (= alle Aufwands- und Ertragskonten). ⇨ 55 ff.

Erfolgsneutral
sind Geschäftsvorfälle, die keine Auswirkung auf den Unternehmenserfolg haben. ⇨ 55

Erfolgswirksam
sind Geschäftsvorfälle, die Auswirkungen auf den Unternehmenserfolg haben. ⇨ 54

Eröffnungsbilanz
Bilanz zu Beginn eines Geschäftsjahres. ⇨ 34, 49

Eröffnungsbilanzkonto
Mit Hilfe des Eröffnungsbilanzkontos werden die Buchungen zur Eröffnung der Bestandskonten vorgenommen. ⇨ 48 ff.

Eröffnungsbuchungen
Durch Eröffnungsbuchungen werden die Anfangsbestände der Eröffnungsbilanz auf die Bestandskonten übertragen. ⇨ 48 ff.

Ertrag
Der in Geldeinheiten bewerteten Wertezugang einer Periode. ⇨ 4 f., 53

Ertragskonto
Unterkonto des Gewinn- und Verlustkontos, in dem eine bestimmte Ertragsart erfasst wird. ⇨ 56 f.

Externes Rechnungswesen
liefert unternehmensexternen Adressaten Informationen über das Unternehmen und dient als Anknüpfungspunkt für gesetzliche und vertragliche Verpflichtungen (z. B. Gewinnausschüttung, Besteuerung). ⇨ 2

F

Fertigungseinzelkosten
Die einem Vermögensgegenstand direkt zurechenbaren Fertigungslöhne. ⇨ 146

Fertigungsgemeinkosten
umfassen alle nicht direkt zurechenbaren Kosten des Fertigungsbereichs. ⇨ 146

Festwertverfahren
Vermögensgegenstände können unter bestimmten Bedingungen mit einem Festwert angesetzt werden, der für mehrere Jahre beibehalten werden kann (§ 240 Abs. 3 HGB). ⇨ 32

Fiktivkaufmann
Unternehmen, dessen Firma ins Handelsregister eingetragen ist, gilt als Kaufmann im Sinne des HGB, auch wenn Eintragung zu Unrecht erfolgt ist (§ 5 HGB). ⇨ 12 f.

Finanzbuchführung
Die Aufgabe der Finanzbuchführung besteht darin, Geschäftsvorfälle, die sich im Unternehmen ereignen, zahlenmäßig zu erfassen und geordnet abzubilden. ⇨ 3

Finanzrechnungen
dienen der Liquiditätsplanung und -steuerung. ⇨ 4

Firma
Der Name, unter dem ein Kaufmann seine Geschäfte betreibt. ⇨ 11

Forderungsabschreibungen
Abschreibungen auf Forderungen sind vorzunehmen, wenn die Forderungen endgültig uneinbringlich sind oder mit einiger Wahrscheinlichkeit ausfallen werden. ⇨ 163 ff.

Formkaufmann
Handelsgesellschaften sind Kaufleute kraft Gesetzes aufgrund der Rechtsform (§ 6 HGB). ⇨ 12

Freiberufliche Tätigkeit
Zu der freiberuflichen Tätigkeit gehören die selbständig ausgeübte wissenschaftliche, künstlerische, schriftstellerische, unterrichtende oder erziehende Tätigkeit. ⇨ 11

Fremdkapitalgeber
erwerben durch die Bereitstellung von Kapital einen Forderungstitel und nehmen damit gegenüber dem Unternehmen eine Gläubigerposition ein. ⇨ 6

G

Gehalt
Arbeitsentgelt für Angestellte. ⇨ 130

Geldvermögen
Summe aus dem Zahlungsmittelbestand und dem Bestand aller übrigen Forderungen abzüglich des Bestandes an Verbindlichkeiten. ⇨ 4 f.

Gemischtes Konto
Konto, das neben Beständen auch Erfolgskomponenten enthält. ⇨ 91, 92

Geometrisch-degressive Abschreibungsmethode
geht von sinkenden Abschreibungsbeträgen im Zeitablauf aus. Die Abschreibungsbeträge werden durch Multiplikation einer konstanten Abschreibungsquote mit den jeweiligen Restbuchwerten ermittelt. ⇨ 150 f.

Geringwertige Wirtschaftsgüter (GWG)
mit einem Wert von nicht mehr als 410 € dürfen im Jahr der Anschaffung vollständig abgeschrieben werden (Stand 2007). Ab 2008 neue Grenzwerte und Abschreibungsregeln. ⇨ 155

Geschäftsfreundebuch
Im Geschäftsfreundebuch werden für jeden einzelnen Geschäftspartner die bestehenden Forderungen und Verbindlichkeiten aufgezeichnet. ⇨ 71

Gesamtkostenverfahren
Gliederungsschema der Gewinn- und Verlustrechnung, bei dem sämtliche Erträge allen Aufwendungen der Periode gegenübergestellt werden (§ 275 Abs. 2 HGB). ⇨ 61

Gesetzliche Sozialversicherung
besteht aus der Rentenversicherung, der Krankenversicherung, der Pflegeversicherung, der Arbeitslosenversicherung und der Unfallversicherung. ⇨ 131

Getrennte Warenkonten
liegen vor, wenn der Warenverkehr mit dem Lieferanten auf einem eigenen Wareneinkaufskonto und der Warenverkehr mit dem Kunden auf einem eigenen Warenverkaufskonto erfasst werden. ⇨ 92 ff.

Gewinn
Summe der Erträge übersteigt die Summe der Aufwendungen. ⇨ 53, 57

Gewinn- und Verlustkonto
Unterkonto des Eigenkapitalkontos, in dem erfolgswirksame Geschäftsvorfälle erfasst werden. ⇨ 55 ff.

Gewinn- und Verlustrechnung
Gegenüberstellung von Aufwendungen und Erträgen des Geschäftsjahres. ⇨ 60 ff.

GoB
Grundsätze ordnungsmäßiger Buchführung (GoB) legen Mindestanforderungen an die Form und den Inhalt der zu führenden Bücher fest und sollen dazu beitragen, dass sinnvoll Rechnung gelegt wird. ⇨ 15 ff.

Grundbuch
Im Grundbuch sind sämtliche Geschäftsvorfälle in zeitlicher Reihenfolge einzutragen. ⇨ 70

Gruppenbewertung
Gleichartige oder annähernd gleichwertige Vermögensgegenstände und Schulden können zu einer Gruppe zusammengefasst und mit dem gewogenen Durchschnittswert angesetzt werden (§ 240 Abs. 4 HGB). ⇨ 32

H

Haben
Rechte Seite eines Kontos. ⇨ 40

Habenbuchung
Buchung auf der Habenseite eines Kontos. ⇨ 43

Habenkonto
Konto, bei dem die Buchung auf der Habenseite erfolgt. ⇨ 44

Habensaldo
Saldo, der in einem Konto den Überschuss der Habenseite über die Sollseite darstellt. ⇨ 42

Handelsgeschäfte
Alle Geschäfte eines Kaufmanns, die zum Betrieb seines Handelsgewerbes gehören. ⇨ 10

Handelsgewerbe
Jeder Gewerbebetrieb, es sei denn, dass das Unternehmen nach Art und Umfang einen in kaufmännischer Weise eingerichteten Geschäftsbetrieb nicht erfordert (§ 1 Abs. 2 HGB). ⇨ 10

Handelsregister
wird von einem Amtsgericht (Registergericht) geführt und ist ein öffentliches Verzeichnis, das über die wichtigsten Rechtsverhältnisse der Kaufleute Auskunft gibt. ⇨ 11

Hauptabschlussübersicht
dient der Vorbereitung des Jahresabschlusses, indem sie die Entwicklung der Bestands- und Erfolgskonten in tabellarischer und kumulierter Form darstellt. ⇨ 173 ff.

Hauptbuch
Im Hauptbuch findet eine systematische Ordnung der Geschäftsvorfälle nach sachlichen Gesichtspunkten statt. ⇨ 71

Herstellungskosten
Bewertungsmaßstab für selbst erstellte Vermögensgegenstände. ⇨ 145 ff.

HGB
Handelsgesetzbuch. In diesem Gesetzbuch ist das Sonderprivatrecht der Kaufleute geregelt. ⇨ 10

Hilfsbücher
Siehe ⇨ Nebenbücher.

I

Imparitätsprinzip
Im Gegensatz zu Gewinnen sind noch nicht durch Umsatz realisierte Verluste im Jahresabschluss zu berücksichtigen. ⇨ 23, 142

Indirekte Methode
Bei der indirekten Methode findet die Abschreibungsverbuchung nicht direkt auf dem betroffenen Anlagenkonto statt, sondern auf einem Wertberichtigungskonto. ⇨ 157

Inventar
Verzeichnis, das sämtliche dem Geschäftsbetrieb des Kaufmanns zuzurechnende Vermögensgegenstände und Schulden einzeln nach Art, Menge und Wert zu einem Stichtag ausweist. ⇨ 29 ff.

Inventur
Tätigkeit der Bestandsaufnahme aller Vermögensstände und Schulden. ⇨ 29

Internes Rechnungswesen
umfasst alle Rechnungssysteme, die für im Unternehmen angesiedelte Benutzer konzipiert sind. ⇨ 3

Istkaufmann
Kaufmann ist, wer ein Handelsgewerbe betreibt (§ 1 Abs. 1 HGB). ⇨ 10 f.

Investitionsrechnungen
werden zur Beurteilung der Vorteilhaftigkeit von Investitionen eingesetzt. ⇨ 4

J

Jahresabschluss
besteht aus Bilanz und Gewinn- und Verlustrechnung, bei Kapitalgesellschaften außerdem aus Anhang und Lagebericht. ⇨ 2 f.

K

Kameralistische Buchführung
findet Anwendung in der öffentlichen Verwaltung. ⇨ 28

Kannkaufmann
Durch die Eintragung ins Handelsregister können Kleingewerbetreibende (§ 2 HGB) sowie Betriebe der Land- und Forstwirtschaft (§ 3 HGB) die Kaufmannseigenschaft erwerben. ⇨ 11 f.

Kapital
setzt sich zusammen aus Eigen- und Fremdkapital. ⇨ 6, 36

Kapitalgeber
Alle Personen oder Institutionen, die einem Unternehmen Kapital zur Verfügung stellen. ⇨ 6

Kapitalgesellschaft
Gesellschaft, bei der die Mitgliedschaft auf die reine Kapitalbeteiligung zugeschnitten ist. Kapitalgesellschaften sind die AG, die GmbH und die KGaA. ⇨ 2 f., 61

Kaufmann
ist der zentrale Begriff des Handelsgesetzbuches. Man unterscheidet den Ist-, den Kann-, den Form-, und den Fiktivkaufmann. Siehe bei dem jeweiligen Begriff. ⇨ 10 ff.

Kaufmännische Buchführung
Buchführungssysteme der kaufmännischen Buchführung sind die einfache und doppelte Buchführung. ⇨ 28

Kirchensteuer
betrifft jedes Mitglied einer Religionsgemeinschaft und hängt von der Höhe der Lohnsteuer ab. ⇨ 131

Klassische Stichtagsinventur
Vollständige körperliche Bestandsaufnahme der Vermögensgegenstände und Schulden am Abschlussstichtag. ⇨ 32

Kleingewerbetreibender
liegt vor, wenn das Unternehmen nach Art und Umfang einen in kaufmännischer Weise eingerichteten Geschäftsbetrieb nicht erfordert (§ 1 Abs. 2 HGB). ⇨ 11

Kontenplan
stellt die von einem Unternehmen tatsächlich in der Buchführung verwendeten Konten dar und leitet sich aus dem Kontenrahmen nach den betriebsindividuellen Bedürfnissen des Unternehmens ab. ⇨ 72

Kontenrahmen
Vollständige und systematische Übersicht von Konten, die in einem Unternehmen vorkommen können. ⇨ 72

Konto
Eine zweiseitig geführte Aufstellung, die äußerlich die Form eines großen »T« besitzt und deshalb häufig auch als T-Konto bezeichnet wird. ⇨ 39 f.

Kontokorrentbuch
Siehe ⇨ Geschäftsfreundebuch.

Kosten
Derjenige in Geldeinheiten bewertete Werteverzehr einer Periode, der bei der Erstellung der betriebstypischen Leistungen anfällt. ⇨ 5 f.

Kosten- und Leistungsrechnung
dient der Entwicklung von Plandaten zur Entscheidungsvorbereitung und bildet die Grundlage für Wirtschaftlichkeitskontrollen und die Kalkulation von Produkten. ⇨ 3

Kundenboni
Boni, die einem Kunden im Zusammenhang mit Warenverkäufen gewährt werden. ⇨ 109

Kundenskonti
Skonti, die einem Kunden bei Zahlung innerhalb der vereinbarten Frist eingeräumt werden. ⇨ 111 f.

L

Lagebericht
Bestandteil des Jahresabschlusses von Kapitalgesellschaften, der Informationen zur Lage des Untemehmens liefert. ⇨ 2 f.

Lagerbuchführung
Außerhalb des Kontensystems stehende Buchführung, in der die Warenzu- und -abgänge wert- und mengenmäßig aufgezeichnet werden. ⇨ 33, 119

Leistungen
Diejenigen in Geldeinheiten bewerteten Wertezugänge einer Periode, die aus der betriebstypischen Tätigkeit resultieren. ⇨ 6

Leistungsabschreibung
basiert auf der Annahme, dass die Höhe des Werteverzehrs eines Anlagegegenstandes von dessen Leistungsabgabe bestimmt wird. ⇨ 152 f.

Lieferantenboni
Boni, die ein Unternehmen im Zusammenhang mit Wareneinkäufen von einem Lieferanten erhält. ⇨ 109

Lieferantenskonti
Skonti, die ein Unternehmen bei Einhaltung der Zahlungsfrist von einem Lieferanten erhält. ⇨ 112

Lineare Abschreibungsmethode
unterstellt eine kontinuierliche Minderung der Anschaffungs- bzw. Herstellungskosten. ⇨ 149 f.

Liquide Mittel
Bargeld und jederzeit verfügbare Bankguthaben (= Zahlungsmittelbestand) ⇨ 31

Liquidierbarkeit
»Geschwindigkeit«, mit der sich Vermögensgegenstände in liquide Mittel umwandeln lassen. ⇨ 31, 35

Lohn
Arbeitsentgelt für Arbeiter. ⇨ 130

Lohn- und Gehaltsbuch
Im Lohn- und Gehaltsbuch werden für jeden Mitarbeiter die Positionen der Lohn- oder Gehaltszahlung aufgeschlüsselt. ⇨ 71

Lohnsteuer
Höhe der Lohnsteuer hängt ab vom Bruttoarbeitsentgelt und persönlichen Merkmalen des Arbeitnehmers. ⇨ 130 f.

M

Materialeinzelkosten
Die einem Vermögensgegenstand unmittelbar zurechenbaren Kosten für Roh-, Hilfs-, und Betriebsstoffe sowie für fertig bezogene Teile. ⇨ 146

Materialgemeinkosten
Die nicht unmittelbar einem Vermögensgegenstand zurechenbaren Kosten der Einkaufsabteilung, Wareneingangsprüfung, Materiallagerung, Materialverwaltung und der Materialausgabe. ⇨ 146

Mehrwertsteuer
Umsatzsteuer.

N

Nachträgliche Anschaffungskosten
stehen dem Anschaffungsvorgang zeitlich nahe, sind aber eben nicht durch die Anschaffung veranlasst. ⇨ 145

Nebenbücher
Hilfsbücher, die der Ergänzung der Konten des Hauptbuches dienen. ⇨ 71

Nettoarbeitsentgelt
errechnet sich durch den Abzug der Lohnsteuer, des Solidaritätszuschlags, der Kirchensteuer und des Arbeitnehmeranteils zur Sozialversicherung vom Bruttoarbeitsentgelt. ⇨ 133

Nettomethode
Bei Anwendung der Nettomethode erfolgt eine Trennung von Entgelt und Umsatzsteuer (bzw. Vorsteuer) bereits bei der Verbuchung des jeweiligen Geschäftsvorfalls. ⇨ 99

Nettoverfahren
Beim Nettoverfahren erfolgt der Abschluss des Wareneinkaufskontos über das Warenverkaufskonto. ⇨ 94 f.

Nettovermögen
Siehe ⇨ Reinvermögen.

Niederstwertprinzip
Von zwei zur Verfügung stehenden Werten ist im Rahmen der Bewertung von Vermögensgegenständen der niedrigere anzusetzen (§ 253 Abs. 2 und 3 HGB). ⇨ 161

P

Passiva
Positionen auf der Passivseite der Bilanz. ⇨ 35

Passive Rechnungsabgrenzungsposten
sind anzusetzen bei Einnahmen vor dem Bilanzstichtag, soweit sie Ertrag für eine bestimmte Zeit nach diesem Tag darstellen (§ 250 Abs. 2 HGB). ⇨ 169 f.

Passivieren
Positionen werden auf der Passivseite der Bilanz angesetzt. ⇨ 35

Passivkonten
Passive Bestandskonten ⇨ 42

Passivseite
Rechte Seite der Bilanz. ⇨ 35

Passivtausch
Durch einen Geschäftsvorfall erhöhen sich Bilanzpositionen auf der Passivseite. Gleichzeitig vermindern sich auf der Passivseite andere Positionen um den insgesamt gleichen Betrag. ⇨ 68

Pauschalwertberichtigung
Mit Hilfe eines pauschalen Prozentsatzes, der das allgemeine Kreditrisiko eines Unternehmens zum

Ausdruck bringen soll, werden Abschreibungen auf den gesamten Forderungsbestand vorgenommen. ⇨ 166 f.

Periodenabgrenzung
Aufwendungen und Erträge des Geschäftsjahres sind unabhängig von den Zahlungszeitpunkten im Jahresabschluss zu berücksichtigen. ⇨ 23

Permanente Inventur
Der Zeitpunkt der Inventur innerhalb eines Geschäftsjahres ist frei wählbar. Voraussetzung ist eine zuverlässige Lagerbuchführung, in der alle Bestände, Zugänge und Abgänge erfasst werden. ⇨ 33

Planmäßige Abschreibungen
erfassen den ordentlichen Werteverzehr des abnutzbaren Anlagevermögens. ⇨ 148 ff.

Privateinlagen
Der Kaufmann überführt Privatvermögen in das Vermögen des Unternehmens. ⇨ 53, 63

Privatentnahmen
Der Kaufmann überführt Vermögen des Unternehmens in sein Privatvermögen. ⇨ 53, 63

Privatkonto
Unterkonto des Eigenkapitalkontos, in dem Privateinlagen und -entnahmen erfasst werden. ⇨ 63 ff.

R

Rabatt
Sofortige Kaufpreisminderung beim Kauf der Waren. ⇨ 107 f.

Rechnungsabgrenzungsposten
Antizipative und transitorische Rechnungsabgrenzungsposten tragen dazu bei, dass Aufwendungen und Erträge den Geschäftsjahren zugeordnet werden, die sie wirtschaftlich verursacht haben. ⇨ 168 ff.

Reinvermögen
Summe aus dem Geldvermögen und dem Sachvermögen eines Unternehmens (= Eigenkapital). ⇨ 4 f.

Realisationsprinzip
verbietet den Ausweis von noch nicht durch Umsatz realisierten Gewinnen. ⇨ 23, 143

Roherfolg
Differenz aus Umsatzerlösen und Wareneinsatz. ⇨ 91

Rohgewinn
Umsatzerlöse übersteigen Wareneinsatz. ⇨ 91

Rohverlust
Umsatzerlöse sind kleiner als der Wareneinsatz. ⇨ 91

Rückstellungen
Unsichere Schulden, wobei sich die Unsicherheit auf das tatsächliche Bestehen, die Höhe und/oder den Fälligkeitstag der Schulden bezieht. ⇨ 171 f.

Rückzahlungsbetrag
Betrag, den der Schuldner bei Fälligkeit einer Verbindlichkeit aufbringen muss, um seine Verpflichtung zu erfüllen. ⇨ 147 f.

S

Saldo
Unterschiedsbetrag aus den beiden Seiten eines Kontos. ⇨ 41

Schlussbilanz
Bilanz zum Schluss eines Geschäftsjahres. ⇨ 42, 50 f.

Schlussbilanzkonto
Mit Hilfe des Schlussbilanzkontos werden die Buchungen zum Abschluss der Bestandskonten vorgenommen. ⇨ 50 f.

Skonti
In Prozent ausgedrückte Preisnachlässe, die Kunden eingeräumt werden, wenn sie innerhalb bestimmter Fristen die Rechnungsbeträge begleichen. ⇨ 111 ff.

Solidaritätszuschlag
wurde zur Finanzierung der Wiedervereinigung Deutschlands 1995 eingeführt und wird mit einem Satz von 5,5 Prozent auf die Lohnsteuer erhoben. ⇨ 131

Soll
Linke Seite eines Kontos. ⇨ 40

Sollbuchung
Buchung auf der Sollseite eines Kontos. ⇨ 43

Sollkonto
Konto, bei dem die Buchung auf der Sollseite erfolgt. ⇨ 44

Sollsaldo
Saldo, der in einem Konto den Überschuss der Sollseite über die Habenseite darstellt. ⇨ 42

Sondereinzelkosten der Fertigung
Unmittelbar zurechenbare, besondere Fertigungskosten, die ausschließlich der Produktion des betreffenden Vermögensgegenstandes dienen. ⇨ 146

Sonstige Forderungen
sind anzusetzen, wenn der Ertrag einem Zeitraum des bereits abgelaufenen Geschäftsjahres zuzurechnen ist, die entsprechende Zahlung aber erst nach dem Bilanzstichtag stattfindet. ⇨ 168

Sonstige Verbindlichkeiten
sind anzusetzen, wenn der Aufwand einem Zeitraum des bereits abgelaufenen Geschäftsjahres zuzuordnen ist, die dazugehörige Zahlung jedoch erst nach dem Bilanzstichtag durchgeführt wird. ⇨ 168 f.

Stichprobeninventur
Bestandsermittlung mit Hilfe anerkannter mathematisch-statistischer Methoden aufgrund von Stichproben. ⇨ 33

Stornobuchung
macht eine Falschbuchung rückgängig. ⇨ 48

T

T-Konto
Siehe ⇨ Konto.

Transitorische Rechnungsabgrenzung
ist erforderlich, wenn die Zahlungsvorgänge in der Abrechungsperiode erfolgen, ihre erfolgswirksame Verrechnung jedoch erst nach dem Bilanzstichtag stattfindet. ⇨ 169 f.

Treuebonus
Bonus, dessen Höhe von der Dauer der Geschäftsbeziehung bestimmt wird. ⇨ 108

U

Umlaufvermögen
Vermögensgegenstände, die zum Umsatz bestimmt sind und sich in der Regel nur kurzzeitig im Betrieb befinden. ⇨ 31, 36

Umsatzbonus
Bonus, der von der Höhe des getätigten Umsatzes bestimmt wird. ⇨ 108

Umsatzerlöse
Saldo des Warenverkaufskontos. ⇨ 93

Umsatzkostenverfahren
Gliederungsschema der Gewinn- und Verlustrechnung, bei dem den Umsatzerlösen der Periode nur die auf die Umsatzerlöse entfallenden Aufwendungen gegenübergestellt werden (§ 275 Abs. 3 HGB). ⇨ 61

Umsatzsteuer
Allgemeine Verbrauchsteuer, die an die Umsätze von Unternehmen anknüpft. ⇨ 96 ff.

Umsatzsteuerzahllast
Umsatzsteuerverbindlichkeit übersteigt die Vorsteuerforderung. ⇨ 100 ff.

Uneinbringliche Forderungen
Forderungen, die mit Sicherheit ausfallen. ⇨ 163 f.

Unterkonten
werden aus einem anderen Konto abgeleitet. Sie unterliegen dem Kontenformalismus des Kontos, aus dem sie hervorgegangen sind. ⇨ 54

Unternehmenserfolg
Differenz aus der Summe der Erträge und der Summe der Aufwendungen. ⇨ 53, 57, 75

Verlust
Summe der Aufwendungen übersteigt die Summe der Erträge. ⇨ 53, 57

V

Vermögen
setzt sich zusammen aus ⇨ Anlage- und Umlaufvermögen. ⇨ 30 f., 34 f.

Vermögenswirksame Leistungen
Geldleistungen, die der Arbeitgeber für den Arbeitnehmer in einer nach dem Vermögensbildungsgesetz vorgeschriebenen Anlageform anlegt. ⇨ 132

Vollständige Inventur
Vollerhebung aller Vermögensgegenstände und Schulden. ⇨ 33

Vorbereitende Abschlussbuchungen
werden durchgeführt, um im Jahresabschluss Vermögensgegenstände und Schulden gemäß den gesetzlichen Bilanzierungs- und Bewertungsvorschriften auszuweisen. ⇨ 142 ff.

Vorschuss
An den Arbeitnehmer auf freiwilliger Basis eingeräumter zinsloser Kredit des Arbeitgebers. ⇨ 134

Vorsichtsprinzip
verlangt eine vorsichtige Bewertung der Vermögensgegenstände und Schulden. ⇨ 23, 143

Vorsteuer
Die in den Rechnungen für bezogene Waren ausgewiesene Umsatzsteuer. ⇨ 97 ff.

Vorsteuerabzugsverfahren
Danach darf der Unternehmer die von Lieferanten in Rechnung gestellte Umsatzsteuer gegen die Umsatzsteuer aufrechnen, die der Unternehmer seinerseits durch den Verkauf von Waren erhält. ⇨ 97

Vorsteuererstattungsanspruch
Vorsteuerforderung ist größer als die Umsatzsteuerverbindlichkeit. ⇨ 100 ff.

W

Wareneinkaufskonto
erfasst den Warenverkehr mit dem Lieferanten. ⇨ 92 f.

Wareneinsatz
Die zu Einkaufpreisen bewertete Menge an Waren, die während des Geschäftsjahres verwendet wurde, um die Verkaufserlöse des Geschäftsjahres zu erzielen. ⇨ 92

Warenverkaufskonto
erfasst den Warenverkehr mit dem Kunden. ⇨ 93 f.

Warenvertriebskosten
Aufwendungen im Zusammenhang mit dem Waren verkauf. ⇨ 118 f.

Wertberichtigungskonto
Im Wertberichtigungskonto werden die Abschreibungen nach der indirekten Methode erfasst. ⇨ 157

Z

Zeitnahe Inventur
Inventurarbeiten innerhalb von 10 Tagen vor oder nach dem Abschlussstichtag. ⇨ 32

Zeitlich verlegte Inventur
Inventurarbeiten innerhalb der letzten drei Monate vor oder in den ersten beiden Monaten nach dem Bilanzstichtag. ⇨ 33

Zweifelhafte Forderungen
Forderungen, die mit einiger Wahrscheinlichkeit ausfallen werden. ⇨ 164 ff.

Zusammengesetzter Buchungssatz
Buchungssatz, bei dem drei oder mehr Konten betroffen sind. ⇨ 46

Literatur zur Vertiefung

Bähr, G./Fischer-Winkelmann, W. F.: Buchführung und Jahresabschluss, 9. Aufl., Wiesbaden 2006.

Bieg, H.: Buchführung, 3. Auflage, Herne/Berlin 2006.

Bornhofen, M.: Buchführung 1, 18. Auflage, Wiesbaden 2006.

Bornhofen, M.: Buchführung 2, 18. Auflage, Wiesbaden 2007.

Buchner, R.: Buchführung und Jahresabschluss, 7. Aufl., München 2005.

Bussiek, J./Ehrmann, H.: Buchführung, 8. Auflage, Ludwigshafen 2004.

Döring, U./Buchholz, R.: Buchhaltung und Jahresabschluss, 9. Auflage, Berlin 2005.

Eisele, W.: Technik des betrieblichen Rechnungswesens, 7. Auflage, München 2002.

Engelhardt, W./Rafée, H./Wischermann, B.: Grundzüge der doppelten Buchhaltung, 7. Auflage, Wiesbaden 2006.

Falterbaum, H./Bolk, W./Reiß, W.: Buchführung und Bilanz, 20. Auflage, Achim 2007.

Goldstein, E.: Kontieren und Buchen, 6. Auflage, Nürnberg 2006.

Heinhold, M.: Buchführung in Fallbeispielen, 10. Auflage, Stuttgart 2006.

Herrling, E./Mathes, C.: Der Buchführungs-Ratgeber, 5. Auflage, München 2006.

Korth, M.: Kontierungs-Handbuch, 4. Auflage, München 2003.

Schiederer, D./Loidl, C.: Grundkurs der Buchführung, 9. Auflage, Stuttgart 2003.

Schöttler, J./Spulak, R.: Technik des betrieblichen Rechnungswesens, 9. Auflage, München/Wien 2003.

Schmolke, S./ Deitermann, M.: Industrielles Rechnungswesen IKR, 34. Auflage, Darmstadt 2006.

Wöhe, G./Kussmaul, H.: Grundzüge der Buchführung und Bilanztechnik, 5. Auflage, München 2006.

Zschenderlein, O.: Kompakt-Training Buchführung, 4. Auflage, Wiesbaden 2007.

Druck: Krips bv, Meppel
Verarbeitung: Stürtz, Würzburg